农作物重大病虫害监测预警工作年报

2016

全国农业技术推广服务中心

中国农业出版社

　　进入21世纪以来，我国粮食生产实现了创历史的持续增产丰收，为国民经济的稳定发展做出了重要贡献。这一成绩凝结着全国所有农业工作者的心血与汗水。农业增产靠科技，防治病虫是关键，监测预警是前提。为完成部党组交给的光荣任务，准确监测预警，科学指导防控，全国农业技术推广服务中心病虫害测报处坚持不懈地强化责任意识、大局意识，大力推进监测预警技术创新、手段创新和服务创新，为减轻病虫灾害损失、保障国家粮食安全做出了突出贡献。2016年病虫害测报处被农业部授予"全国农业先进集体"荣誉称号。这是全国测报系统一件值得庆贺的大事，在这个荣誉的背后，凝结着全国植保体系广大测报人员的聪明才智和辛勤汗水，是大家多年来不懈努力和技术创新的结果。

　　近年来，全国农作物重大病虫害持续频发重发，为做好监测预警工作，科学指导防控，全国农业技术推广服务中心在部领导的支持下，经过8年的持续努力，开发建设和应用了全国农作物重大病虫害数字化监测预警系统平台，实现了全国农作物重大病虫害发生信息采集规范化、传递网络化、处理自动化和预警实时化，极大地提高了重大病虫害监测预警能力。为及时调度病虫情、科学决策指导防控，提高对部党组中心工作的支撑水平，我们创新实行了"移动办公法"——人到哪里，办公室就到哪里，无论是出差、开会，无论身在何处，只要有网络就可随时投入战斗，在农业生产的关键季节，常常是"5+2""白＋黑"的工作节奏，从而圆满完成了重大病虫害监测预警任务，得到了领导和社会的充分肯定。2013年"主要农作物重大病虫害数字化监测预警技术研究与应用"荣获全国农牧渔业丰收一等奖。

　　为破解病虫信息调查采集需要大量投入人力的难题，全国农业技术推广服务中心连续多年组织有关科研、教学单位和企业协作攻关，大力开展新型测报工具的研究开发和推广应用工作。通过不懈努力，成功地研发和推广了"农作物病虫害实时监测物联网""农作物病害实时预警系统"和"重大农业害虫性诱实时监控系统"，实现了随时随地通过网络实时监测农田作物长势、小气候，以及病虫害的种类和数量，实现了部分病害和重大害虫性诱的自动联网实时监测预警，迈出了我国农作物病虫害自动监测的第一步，为推进病虫测报自动化、智能化、信息化奠定了基础，也为实现"足不出户干测报"，让测报变得不再辛苦、简单有效，深入推进现代植保体系建设提供了技术支撑。

　　病虫情报是有时效性的信息产品，只有以最快的速度、最广泛的渠道传递给广大农户，才能在指导农民开展适期防治中发挥作用。近年来，全国测报系统大力探索，创新实施广播、电视、手机、网络和明白纸"五位一体"的现代病虫预报发布新模式，通过与中央电视台一套（CCTV-1）等媒体开展合作，建立"病虫测报"专用网站和手机彩信、微信发布平台，实现了重大病虫警报信息及时通过央视黄金时段发布，重要的预报信息及时通过手机平台发布，全部的病虫预报信息及时通过专业网站和中央人民广播电台发布，打造了一个全方位的现代病虫预报服务体系，极大地提高了预报信息入户到位率，得到了社会广泛认可。2012年该项目相关成果《探索电视、手机、网络"三位一体"现代病虫预报发布新模式》获得了农业部绩效管理创新项目评比第一名的好成绩。

上述成绩，虽然在保障农业丰收和国家粮食安全中发挥过重要作用，但随着种植业供给侧结构性改革的深入推进，农作物病虫害监测预警工作面临着前所未有的挑战。一是生态绿色安全农产品的消费需求越来越高，要做到少打药、精准施药，必须要有准确的预报做支撑。二是种植业结构调整，优势特色园艺作物支撑大产业，但过去病虫测报主要围绕粮食等大宗农产品搞服务、搞推广，这方面的技术储备明显不足。三是互联网+、物联网、大数据、云计算等信息化技术的发展，迫使病虫测报加快手段现代化建设。四是气候异常和耕作制度的变化导致病虫害暴发重发频率提高，对病虫测报工作带来新的压力。

今后，病虫测报工作要认真研究当前所面临的新形势，突出技术集成与创新，通过加强测报装备研发，推进测报调查自动化；通过加强信息平台建设，推进信息传输网络化；通过加强服务方式创新，推进预报发布多元化；通过加强测报技术研究，推进预测方法模型化，全面提升农作物重大病虫害的监测预警能力。同时，要围绕绿色发展和种植业结构调整，加强技术研究与储备，增强服务能力，扩大服务范围，为保障种植业结构战略性调整提供病虫测报应有的技术支撑。

开展年报的编撰，不仅积累了权威的历史资料，也促进了测报技术水平的提高。我们将在继续坚持年报制度的基础上，提高工作站位，增加权威信息，丰富出版内容，为引领全国病虫测报行业健康发展奠定基础。

编　者

2017年8月

目录

目录

目录

全国重大病虫害发生实况与原因分析

2016年水稻重大病虫害发生概况与特点

2016年全国水稻病虫害总体中等发生，轻于2015年和常年，发生面积8 239万hm²次，造成实际损失351.5万t，分别较2015年减少9.9%、12.8%（图1-1）。其中，稻飞虱总体中等发生，华南、西南中南部稻区偏重发生，呈"前重后轻"的发生特点；稻纵卷叶螟总体偏轻至中等发生，长江下游稻区偏重发生，沿太湖、沿江局部大发生；水稻螟虫中等发生，其中二化螟中等发生，局部集中为害现象突出，发生程度重于2015年，三化螟和大螟偏轻发生；纹枯病呈持续偏重发生态势；稻瘟病总体中等发生，前重后轻，叶瘟重于穗颈瘟。

1 稻飞虱

2016年稻飞虱总体中等发生，轻于2015年和常年，其中华南、西南中南部稻区偏重发生，江南、长江中下游稻区中等发生，西南北部、江淮稻区偏轻发生。全国累计发生面积2 072.6万hm²次，是2005年以来面积最少的年份，比2015年减少10.5%，比2005—2015年均值减少27.7%；造成水稻产量总损失662.3万t，经有效防控挽回损失599万t，造成实际损失63.3万t（图1-2）。发生特点如下：

1.1 迁入峰期晚于2015年，早于常年

据全国水稻病虫害测报网区域站监测，受华南入汛偏早影响，白背飞虱于3月18日在广西浦北监测到首个单灯单日诱虫量超过百头的迁入峰，比2015年偏晚14d，比常年偏早12d；随后于3月下旬至

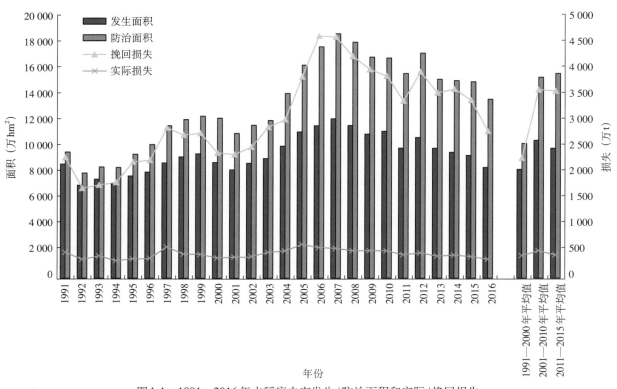

图1-1 1991—2016年水稻病虫害发生/防治面积和实际/挽回损失

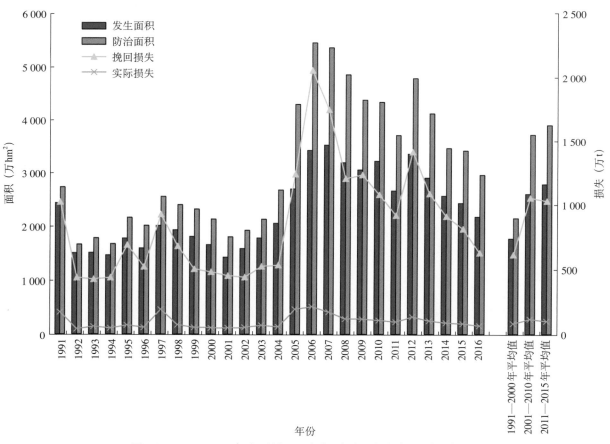

图1-2 1991—2016年全国稻飞虱发生/防治面积和实际/挽回损失

4月上旬在桂南沿海和滇西南，4月中、下旬在华南、西南南部、江南南部，5月上旬在江南北部、西南北部和长江中游，6月下旬在长江下游稻区监测到百头以上白背飞虱迁入峰。褐飞虱于3月25日在海南琼海首次监测到单灯单日超百头的迁入峰，比2015年偏晚10d，比常年偏早11d；4月迁入西南南部和华南西部，5月中、下旬东扩北上至华南东部和江南稻区，7月中、下旬仅在安徽宣州区、泾县、东至县监测到超百头的迁入峰，长江中下游其他地区未见明显褐飞虱迁入峰（表1-1）。

表1-1 2016年与近5年稻飞虱首个超百头迁入峰期比较（月/日）

省份	白背飞虱					褐飞虱				
	2016年	2015年	近5年平均	比2015年早晚	比近5年早晚	2016年	2015年	近5年平均	比2015年早晚	比近5年早晚
云南	3/28	3/17	4/2	−11	+5	4/2	4/26	4/29	+24	+27
贵州	5/3	5/3	5/4	0	+1	6/30	5/14	5/23	−47	−38
重庆	5/6	5/14	5/26	+8	+20	6/18	5/27	5/30	−22	−19
四川	5/9	5/8	6/6	−1	+28		7/13	7/12		
海南	3/25	4/2	5/19	+8	+55	3/25	4/30	5/16	+36	+52
广东	4/16	3/4	4/22	−43	+6	5/20	3/15	4/8	−66	−42
广西	3/18	3/15	3/30	−3	+12	4/10	4/21	4/5	+11	−5
福建	4/20	4/21	5/11	+1	+21	5/21	5/2	5/17	−19	−4
浙江	5/9	5/17	5/30	+8	+21	6/10	6/26	6/26	+16	+16
江西	4/24	4/1	5/7	−23	+13	5/18	5/22	5/25	+4	+7
湖南	4/21	4/16	5/2	−5	+11	5/18	5/13	5/6	−5	−12
湖北	5/5	6/2	6/1	+28	+27	—	9/16	9/3	—	—
安徽	6/1	6/1	6/7	0	+6	7/18	7/19	7/13	+1	−5
江苏	6/20	6/29	7/9	+9	+19	—	9/16	9/9	—	—
上海	6/19	6/3	6/18	−16	−1	—	7/30	8/2	—	—
全国	3/18	3/4	3/30	−14	+12	3/25	3/15	4/5	−10	+11

注："+"表示早，"−"表示晚，"—"表示无。

1.2 迁入虫量前多后少，总体偏低

据全国297个水稻病虫监测区域站监测统计，水稻生长期间，稻飞虱平均单灯累计虫量与2015年相近，比近5年同期减少7%。其中，早中稻生长期间在5月下旬、6月中旬和7月中旬监测到白背飞虱同期突增峰，截至7月20日，迁入虫量分别比2015年和近5年同期偏高48%、76%；中晚稻生长期间，仅在8月中旬监测到突增峰，8月下旬以后无明显迁入峰，7月25日至10月31日迁入虫量分别较2015年和近5年同期偏少64%、44%（图1-3）。褐飞虱在4月中、下旬、5月下旬、6月中旬、7月中旬、8月中旬、9月中旬、10月下旬监测到小的迁入峰，前期（截至7月20日）迁入量比2015年高55%，但比近5年同期低44%；后期（7月25日至10月31日）迁入量明显低于2015年和近5年同期，分别偏少56%、72%（图1-4）。

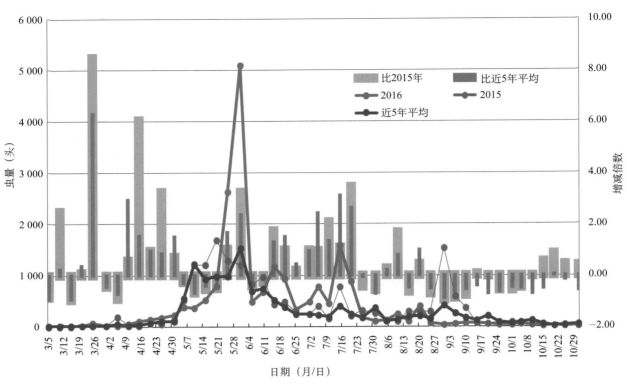

图1-3 2016年与近5年单灯每候白背飞虱迁入虫量比较

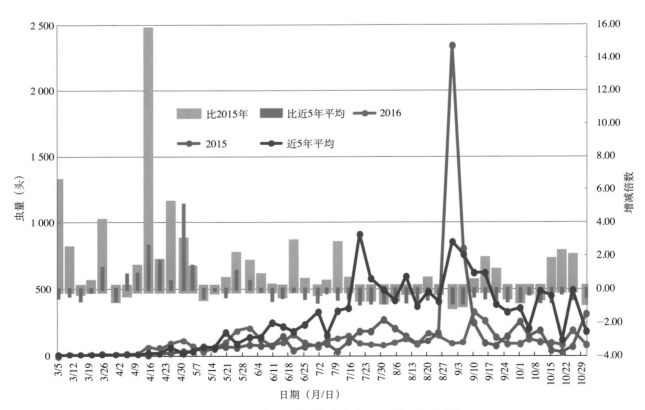

图1-4 2016年与近5年单灯每候褐飞虱迁入虫量比较

1.3 白背飞虱局部迁入偏多，褐飞虱大部迁入偏低

从迁入区域来看，白背飞虱在西南南部和东北部、江南东部和长江中下游稻区迁入偏多，如云南、重庆、福建、浙江、上海、江苏、安徽、湖北分别是2015年的2.1倍、1.1倍、1.5倍、1.3倍、1.1倍、2.5倍、3倍、1.6倍，其中云南、福建、浙江、江苏、安徽5省分别是近5年迁入均值的4.3倍、1.3倍、2.2倍、2.8倍、2.4倍；其他地区白背飞虱迁入量少于2015年和近5年均值，其中华南大部、江南中西部分别比2015年减少39%～67%、5%～10%。褐飞虱迁入量明显低于2015年和近5年均值，除海南迁入量是近5年均值的4倍外，其他地区均明显偏少（图1-5）。

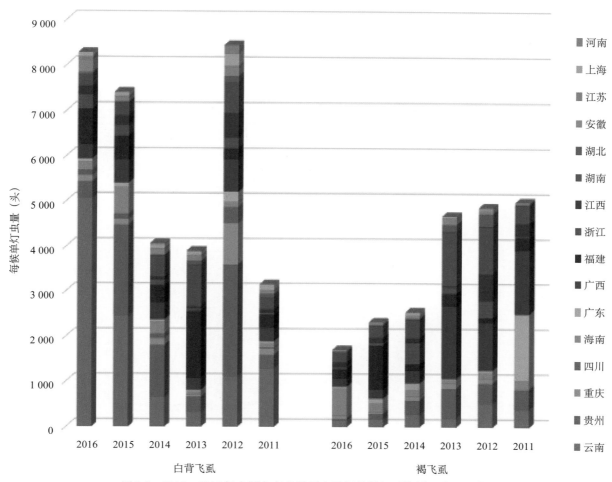

图1-5　2011—2016年水稻主产省份稻飞虱每候单灯平均迁入虫量比较

1.4 田间虫量前多后少，西南南部集中为害现象突出

受迁入虫源偏少影响，2016年观测圃虫量和大田虫量均为近年来最低。其中观测圃平均百丛虫量（未防治）不足600头，仅为2012大发生年的50.2%；经有效防治后，大田平均百丛虫量338头，略低于中等发生的2011和2015年，比2012—2014年减少11%～27%（图1-6）。从全年发生动态看，早稻重于晚稻，单季稻前期重于后期。从发生区域来看，西南稻区明显高于华南、江南、长江中下游及江淮稻区。如图1-7所示，西南稻区大田平均百丛虫量6月中旬已超过1 000头防治指标，大面积防控后，虫量有所回落，但仍高于其他稻区。西南稻区尤以云南发生较重，据统计，全省14个县田间虫量达到或超过大发生指标，具体如下：5月上旬滇南勐海县已达4 294头/百丛，5月中旬至6月上旬大发生

范围扩大至滇西南的双江县（8 100 头/百丛）、永德县（4 150 头/百丛）、云县（3 107 头/百丛），滇东北的师宗县（8 900 头/百丛），和滇东南的屏边县（7 500 头/百丛）、石屏县（3 763 头/百丛）、红河县（3 200 头/百丛）；6 月中旬稻飞虱进一步扩散危害，滇东南的金平县、建水县、元阳县田间平均虫口密度分别上升到 18 300 头/百丛、16 800 头/百丛、5 000 头/百丛，滇北的双柏县和滇中的东川区平均虫口密度分别高达 11 573 头/百丛和 3 361 头/百丛。

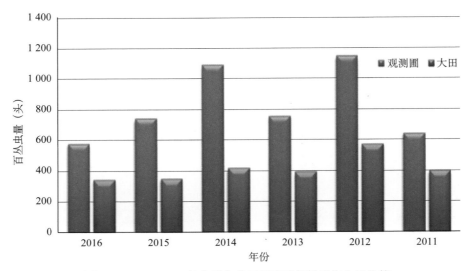

图 1-6　2011—2016 年水稻主产区稻飞虱每候平均虫量比较

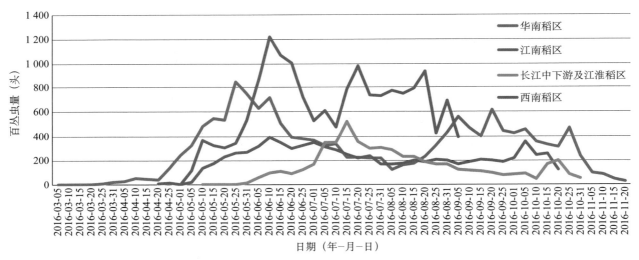

图 1-7　2016 年各稻区大田稻飞虱每候虫量动态

2　稻纵卷叶螟

2016 年稻纵卷叶螟总体偏轻至中等发生，轻于 2015 年及常年，其中，长江下游稻区偏重发生，沿太湖、沿江局部大发生，华南、江南、长江中游、西南中北部稻区中等发生，西南南部及江淮稻区偏轻发生。全国累计发生面积 1 391 万 hm² 次，是 2003 年以来发生面积最小的年份，比 2015 年减少 10.5%，比 2003—2015 年均值减少 29.5%；造成水稻产量总损失 382.5 万 t，经有效防控挽回损失 343 万 t，造成实际损失 39.5 万 t（图 1-8）。发生特点如下：

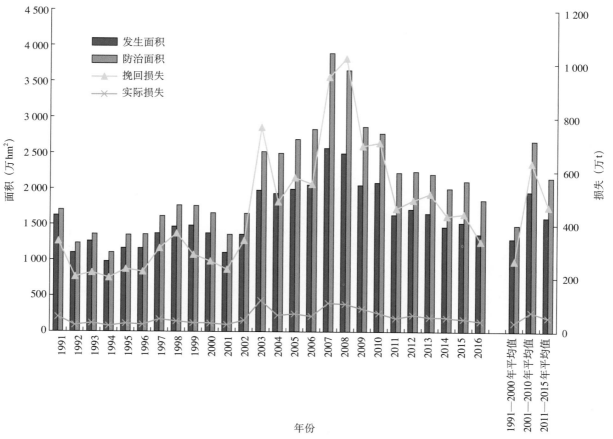

图1-8　1991—2016年全国稻纵卷叶螟发生/防治面积和实际/挽回损失

2.1　迁入峰期偏早

稻纵卷叶螟从3月上旬开始陆续迁入华南稻区，3月中旬在桂南沿海监测到迁入峰，迁入峰期较2015年早16d；4月主迁我国华南稻区，波及江南南部稻区；5～6月主迁江南和西南北部稻区；7月主迁长江中下游稻区，迁入期早于2015年（表1-2）。

表1-2　2016年与2015年稻纵卷叶螟始见期和首个迁入峰期比较（月/日）

省份	始见期			首个迁入峰期		
	2016年	2015年	比2015年早晚	2016年	2015年	比2015年早晚
云南	4/10	3/10	−31	6/14	5/1	−44
贵州	5/3	4/16	−17	5/18	5/10	−8
重庆	5/10	5/13	+3	6/1	6/21	+20
四川	4/3	3/23	−11	5/4	6/1	+28
海南	3/15	3/1	−14	4/26	8/3	+99
广东	3/4	3/6	+2	4/20	4/8	−12
广西	3/5	3/4	−1	3/20	4/5	+16
福建	4/4	3/15	−20	6/1	5/16	−16
浙江	4/21	4/17	−4	6/2	6/9	+7

（续）

地区	始见期			首个迁入峰期		
	2016年	2015年	比2015年早晚	2016年	2015年	比2015年早晚
江西省	4/5	4/3	−2	4/7	5/8	+31
湖南省	3/26	4/1	+6	5/5	4/25	−10
湖北省	5/19	4/17	−29	6/2	6/15	+13
安徽省	5/29	6/11	+13	7/9	6/28	−11
江苏省	5/11	6/5	+25	7/20	7/25	+5
上海市	6/4	6/10	+6	7/16	7/16	0
全国	3/4	3/1	−3	3/20	4/5	+16

注："+"表示早，"−"表示晚。

2.2　迁入峰次少，迁入虫量前少后多，总体偏少，长江下游稻区局部蛾量较高

据全国水稻病虫监测区域站监测统计，2016年稻纵卷叶螟迁入峰次偏少，迁入虫量总体偏少，分别比2015年和近5年同期偏少14.8%、3.7%。从时间维度看，迁入虫量"中间多，两头少"。3、4、5、6月分别比2015年同期减少64.9%、16.8%、21.5%、38.7%，7、8月江南和长江中下游稻区监测到大范围的迁入峰，迁入虫量同比增加11.2%、35.2%，其中江南中稻区7月上旬监测到明显蛾高峰，湖南中稻田四（3）代每667m²平蛾量565头，比2015年同期增加68.2%；长江下游六（4）代蛾峰从8月13日开始，峰期一直持续到8月底，时间跨度近20d，江苏平均每667m²蛾量6 668头，上海平均每667m²蛾量879头。受高温天气影响，田间虫量明显回落，9月田间蛾量比2015年同期偏少55.1%（图1-9）。从空间维度看，长江下游稻区迁入量明显高于其他稻区，全年平均单灯诱蛾量超过2 000头，也高于近5年同期，如江苏迁入虫量是近5年平均值的2.4倍，是2015年迁入量的1.4倍，上海迁入量是近5年均值的1.7倍（图1-10）。

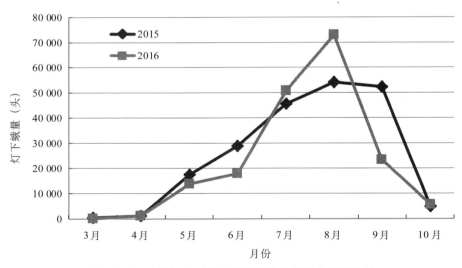

图1-9　2015年与2016年全国稻纵卷叶螟诱虫总量比较

2.3　田间为害轻，华南南部、长江中下游局部发生重

受前期迁入虫量低、后期高温抑制作用，稻纵卷叶螟田间虫卵量低，总体偏轻至中等发生，明显轻于2015年和常年，其中长江下游稻区偏重发生，沿太湖、沿江局部大发生。据监测，华南稻区卷叶

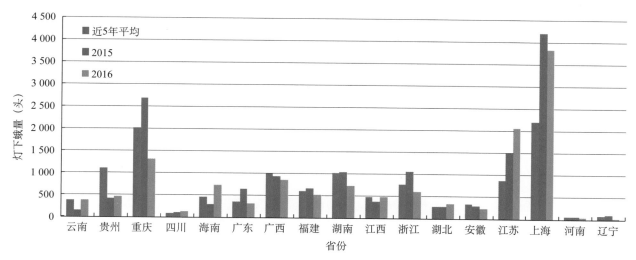

图1-10　水稻主产省份2016年与近5年稻纵卷叶螟单灯平均诱虫量比较

率一般低于3%，其中海南西部和北部局部较重，8月中旬至9月下旬田间每667m²幼虫量一般1 500～3 000头，最高达6 000头，造成卷叶率一般20%～40%，较重田块高达80%。江南稻区卷叶率一般0.4%～6.6%，赣西和赣北局部地区中稻卷叶率高达12%。长江中下游稻区田间虫卵量高，造成卷叶率一般1%～4%，其中江苏沿太湖及沿江地区百丛虫卵量达600～1 500头·粒，远高于2015年同期；湖北宣恩、来凤局部漏防田块卷叶率高达55%～85%。

3　水稻螟虫

2016年螟虫总体中等发生，发生种类以二化螟、三化螟和大螟为主。其中，二化螟总体中等发生，重于2015年，全国累计发生面积1 303.5万hm²次，同比减少4.6%，造成实际损失61万t，同比增加11.1%。三化螟在华南、西南稻区偏轻发生，累计发生面积109.2万hm²次，造成实际损失5.4万t，同比减少15.8%和16.2%；大螟在长江中下游稻区偏轻发生，累计发生面积145.8万hm²，造成实际损失2.5万t，同比减少24.1%和23.6%（图1-11）。发生特点如下：

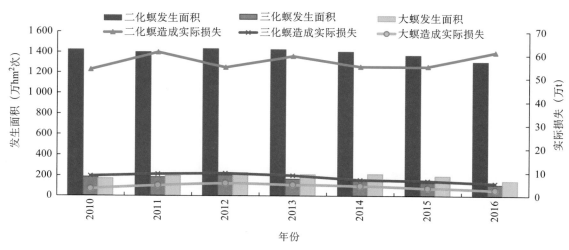

图1-11　2010—2016年全国钻蛀性螟虫发生面积和造成实际损失

3.1　冬后越冬基数总体少于2015年，江南局部明显增加

受冬季气温偏低，降水偏多气候影响，螟虫冬后越冬基数总体低于2015年，湖南、江西高于2015

年。据各地调查，二化螟在江南东部、长江中游和西南北部稻区平均每 $667m^2$ 虫量 $1\,000\sim1\,500$ 头，比 2015 年偏低 5%～12%，四川偏低 33.4%；在江南中西部稻区平均每 $667m^2$ 虫量 $2\,800\sim4\,500$ 头，湖南、江西分别比 2015 年高 8%、28%。三化螟在华南和西南北部稻区平均每 $667m^2$ 虫量 $100\sim750$ 头，其中广东、福建分别比 2015 年减少 42.3%、6%，四川比近年减少 26.3%。大螟在江南和长江中下游稻区冬后平均每 $667m^2$ 虫量比 2015 年及常年偏少，其中江苏平均每 $667m^2$ 虫量 29 头，比 2015 年和常年分别减少 12% 和 33%。

3.2 二化螟总体中等发生，集中为害现象突出，重于 2015 年

二化螟在江南、西南、长江中下游、江淮和东北稻区总体中等发生，发生面积虽然小于 2015 年，但集中为害现象突出，发生程度重于 2015 年，四川、湘中南、赣中及赣北环鄱阳湖、鄂东南及江汉平原稻区偏重发生，湖南衡阳大发生。其中一代二化螟在江南和长江中游稻区局部偏重发生，二代二化螟江南东部和长江下游局部偏重发生，三代二化螟在江南局部稻区偏重至大发生，四代二化螟在赣中北、湘中南局部偏重发生，衡阳大发生。具体如下：

一代二化螟在江南和长江中游稻区局部偏重发生。湖南娄底、邵阳市每 $667m^2$ 平均幼虫量为 $9\,047$ 头和 $7\,021$ 头，邵东、新邵、洞口等县市每 $667m^2$ 超过万头，衡山县局部高丘超过 5 万头。湖北一代二化螟在早稻田平均每 $667m^2$ 幼虫量 $1\,487$ 头，同比增加 54%，平均螟害率 1.3%。安徽东至县、舒城县、黄山区、望江县每 $667m^2$ 虫量较高，分别达 $2\,856.7$ 头、$2\,750$ 头、$1\,850$ 头、$1\,400$ 头。江苏沿江、丘陵及淮北每 $667m^2$ 虫量 $500\sim3\,000$ 头，高于 2015 年，列 2001 年以来第七位；海安县平均每 $667m^2$ 虫量 885.4 头，局部田块超过 $3\,500$ 头，列近 20 年来第一位。

二代二化螟江南东部和长江下游局部偏重发生。福建中北部局部中稻上偏重发生，全省平均每 $667m^2$ 虫量 850 头，较 2015 年同期偏多 31%，平均枯鞘率 1.7%，也较 2015 年同期偏多。江苏平均每 $667m^2$ 残虫量 145.1 头，较近 5 年均值增加 23%，沿江局部高达 $29\,867$ 头，列近年来第一位，沿江及丘陵危害严重田块白穗率 5%～22%。

三代二化螟在江南局部稻区偏重至大发生。湖南中部的娄底和衡阳偏重发生，局部大发生，全省平均每 $667m^2$ 幼虫量 $1\,468$ 头，比 2015 年增加 56.5%，永州、衡阳市分别高达 $3\,703$ 头和 $2\,564$ 头；平枯鞘株率 1.4%，比 2015 年同期增加 34.6%。衡阳和永州市分别达到 3.4% 和 2.7%。江西南昌、九江、抚州、上饶、宜春等地局部中晚稻田二化螟枯鞘丛率高达 20%～50%，枯心率高达 10% 以上，出现明显的"枯鞘（心）团"，甚至出现中晚稻黄熟期农民还在施药防治二化螟现象。浙江局部稻区也出现重发倒伏田块。安徽宣州区三代二化螟发生为害的田块螟害率平均为 1.78%（0.1%～4.8%），比 2015 年同期多 24.48%，比近三年同期均值多 79.8%；每 $667m^2$ 残留虫量平均为 947.14 头，比 2015 年同期多 57.86%，比近三年同期均值多 54.43%。

四代二化螟在赣中北、湘中南局部偏重发生，其中衡阳大发生。湖南全省平均每 $667m^2$ 幼虫量 $1\,547.6$ 头，是 2015 年同期的 1.7 倍，衡阳、永州市发生严重的县（市）严重田块虫量超过 2 万头，衡阳县个别田块甚至达到 6.7 万头；全省平均枯心率 1.1%，重于 2015 年同期，衡阳市高达 3%。江西永修县、崇仁县等地二化螟平均每 $667m^2$ 幼虫量达 3 万～5 万头，最高达 15 万头，远超近 10 年平均水平。

3.3 三化螟在华南和西南稻区偏轻发生，表现为前轻后重

2016 年，三化螟呈持续减轻态势，发生区主要集中在华南和西南稻区，其中广东、广西发生较为普遍。广东每 $667m^2$ 残虫量前多后少，一代每 $667m^2$ 虫量明显高于 2015 年，也高于二代、三代、四代；二代、三代、四代每 $667m^2$ 虫量虽然低于 2015 年，但逐代递增，造成的螟害率也逐代递增，四代螟害率已经超过 2015 年。广西统计部分县（市、区）各代发生面积及各代加权平均受害率均低于 2015 年，明显低于常年。其中发生面积表现为二代＞四代＞三代＞一代；各代加权平均受害率表现为一代＜二代＜三代＜四代。

3.4 大螟在江南和长江中下游稻区偏轻发生，轻于2015年

2016年大螟在江南和长江中下游稻区发生进一步减轻，发生面积减少，发生程度下降。发生特点：一是发生期提早。据江苏监测，一代成虫4月中、下旬灯下始见，较2015年早5～10d；7月上旬苏南、沿江早栽早发大田即查见二代大螟危害造成的枯鞘，7月下旬转株为害；三代卵孵盛期从8月中、下旬持续到9月上、中旬，较常年提早5d左右。二是发生量下降。江苏一代成虫平均单灯累计诱蛾量102头，较2015年及近年分别减少70.1%和56.2%，列近10年同期倒数第三位；二代单灯累计诱虫10～100头，低于2015年，列2005年以来第八位；三代峰期持续时间长，大多地区诱蛾量在50头左右。三是发生程度减轻。一代为害轻，江苏6月下旬玉米、茭白等田外寄主一代螟害株率加权平均0.33%，加权平均每667m²残虫185头；7月下旬二代为害枯心株率0.01%～0.1%，苏南、淮北局部0.5%～0.8%；9月下旬三代白穗率0.05%～0.2%，加权每667m²残虫31.7头，是2015年的75%，苏南、沿江及沿海局部重发田块白穗率达2%，每667m²残虫100～200头。

4 纹枯病

2016年稻纹枯病偏重发生，轻于2015年，其中江南中西部大发生，华南、江南东部、西南北部、长江中下游、江淮及东北北部稻区偏重发生，西南南部、东北中南部中等至偏轻发生，累计发生面积1717万hm²，比2015年减少4.3%，造成实际损失106.1万t，比2015年减少1.4%（图1-12）。发生特点如下：

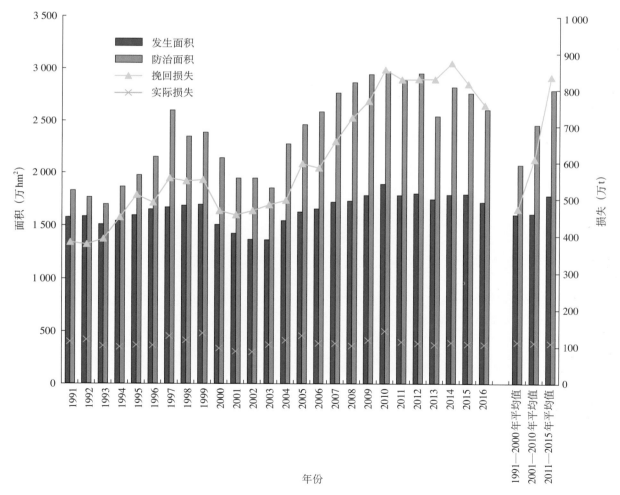

图1-12　1991—2016年全国纹枯病发生/防治面积和实际/挽回损失

4.1 华南东部稻区见病时间早，发生程度重于2015年，晚稻重于早稻

受前期降雨偏多影响，广东、福建等地纹枯病见病时间早，发生程度重。其中，广东早稻平均病丛率23.68%，高于2015年的21.14%和常年的19.34%；晚稻平均病丛率23.8%，高于2015年的23.3%和常年的20.33%。福建双季早稻、晚稻及早插中稻纹枯病发生早且发生较重。7月初调查，早稻平均病丛率为10.7%、比2015年多4.4个百分点，平均病株率3.2%、比2015年多1.6个百分点；9月下旬，晚稻平均病丛率48%，病株率29%，较2015年明显偏高。

4.2 华南西部和江南稻区见病时间晚，发生程度轻于2015年，早稻重于晚稻，重于中稻

华南西部和江南稻区见病时间比2015年迟5d左右，5月下旬进入流行盛期。受6月高温多雨气候影响，纹枯病快速蔓延，发生面积迅速增加，发生程度不断加重，6月底定案调查，早稻病丛率一般15%～60%，病株率一般5%～30%，偏重至大发生，轻于2015年。中稻于7月上旬进入流行盛期，7月中旬至8月中旬为流行高峰期，病丛率一般10%～45%，其中湖南平均23.6%，比2015年减少7.5个百分点；病株率一般5%～20%，湖南平均9.5%，比2015年同期减少4.1个百分点，总体偏重发生。晚稻于8月中旬进入流行盛期，8月下旬至9月中旬为流行高峰期，病丛率一般15%～45%，病株率一般10%～20%，其中湖南平均病丛率、病株率分别为31.7%、13.8%，比2015年分别减少5个、2.9个百分点，偏重至大发生。

4.3 长江中下游和江淮稻区见病时间晚，发生程度轻于2015年

长江中下游和江淮单季稻区7月上旬始见病株，始见期较常年推迟7d左右，拔节前病情发展缓慢，多数地区病情轻于2015年和近3年同期均值。7月中、下旬随着田间郁闭度的增加及温湿度的提高，病情稳定上升，9月中、下旬病情趋于稳定，病丛率一般5%～25%，病株率一般2%～15%，江苏里下河、丘陵、淮北及河南信阳局部病丛率高达20%～45%，病株率高达8%～25%。

4.4 西南和东北单季稻区发生程度略重于2015年

西南稻区和东北稻区均表现为南轻北重特点，即西南南部稻区和东北南部稻区偏轻发生，西南北部和东北北部稻区偏重发生。其中，西南北部稻区8月底定案调查，病丛率一般20%～30%，病株率一般14%～18%，四川平均病丛率29.08%、平均病株率17.44%、平均病情指数7.59，分别比2015年高13.6%、7.7%、20.3%，比近年低20.2%、14.6%、8%。西南南部和东北南部虽然偏轻发生，但发生面积多于2015年，云南、贵州、辽宁分别比2015年增加3.1%、10.5%、11.8%。

5 稻瘟病

2016年稻瘟病总体中等发生，明显轻于2015年和常年，呈"前重后轻"发生特点。全国累计发生面积388万hm²次，比2015年减少24.1%，比1991—2015年均值减少17.5%，是1991年以来第五少的年份，仅高于1991、1995、1996、2013年；造成实际损失31.3万t，比2015年减少44.6%，比1991—2015年均值减少17.5%，是1991年以来第二少的年份，仅高于1991年（图1-13）。发生特点如下：

5.1 早稻稻瘟病见病接近常年，前重后轻，总体中等发生

稻瘟病在华南、江南早稻区始见期与常年接近，4月中旬在华南稻区陆续见病，5月上旬在江南稻区见病；受强厄尔尼诺影响，前汛期（3月21日至6月18日）江南、华南等地先后出现19次强降水过程，降水明显偏多，稻叶瘟扩展较快，据各地监测，早稻病叶率一般0.2%～3.8%，广东雷州、龙川高的5%～15%，与2015年同期相近。但6月华南大部和江南南部高温日数偏多3～5d，其中华南中北部及海南西北部、江西南部偏多5d以上，高温干旱天气对穗颈瘟的发生有一定抑制作用，早稻穗颈

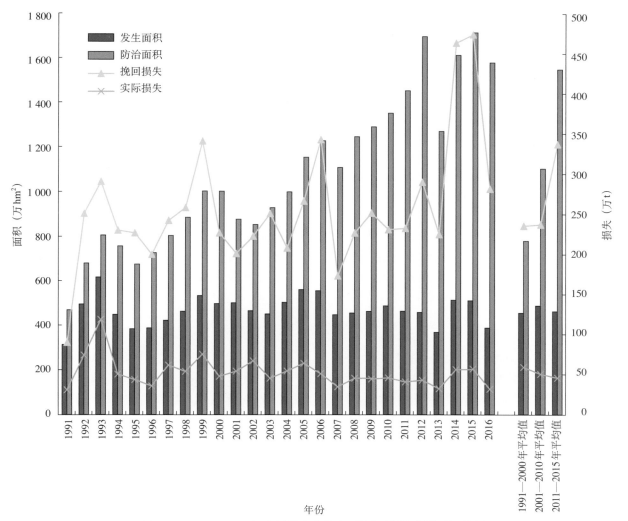

图1-13　1991—2016年全国稻瘟病发生/防治面积和实际/挽回损失

瘟轻于去年，病穗率一般0.4%～3.8%，高的6.9%～9.8%，桂西北、湘南永州、湘中邵阳、湘北岳阳等地局部发生较重，个别田块出现白穗。

5.2　单季稻稻瘟病见病早，苗瘟、叶瘟重于穗颈瘟，偏轻至中等发生

江南、西南、长江中下游、江淮和东北单季稻稻瘟病见病早，其中安徽6月上、中旬查见叶瘟，黑龙江6月下旬见病，比2015年早5～7d；江苏5月下旬在丘陵、沿江及沿海等地秧田即出现发病中心或急性型病斑，6月中旬金坛秧田调查，薛埠镇两块秧田病株率高达30%～40%，6月20日前后盐城全市普查，秧池病田率41.0%，平均病叶率1.36%。流行盛期为6月下旬至7月下旬，田间叶瘟病情发展快，病叶率一般0.2%～4%，低于2015年，江苏丘陵、沿江、苏南、里下河及淮北局部高的达5%～13%，盐都7月下旬处于分蘖盛期的手栽稻普遍发病，南粳9108平均病叶率高达42.1%，重于常年。7月底至8月，受持续高温晴热天气影响，叶瘟的迅猛发展势头得到有效遏制，穗颈瘟始见迟、发展缓慢，9月或10月各地定案调查，病穗率一般0.3%～5.8%，远低于2015年同期。

5.3　晚稻稻瘟病见病晚，偏轻发生

受7～8月高温干旱天气影响，晚稻稻瘟病见病晚，流行盛期为8月中旬至9月中旬，叶瘟发生相对较轻，其中湖南9月中旬调查，病丛率一般为2.3%～18.6%，加权平均为8%，比2015年减少6.7个百分点，病叶率为0.4%～7.9%，加权平均为2.1%，比去年减少2个百分点，低于2015年同期；广西

病叶率一般0.9%～4.1%，高的7.1%～55.0%；广东佛冈、化州较高，病叶率高达15%～30%。9月底穗瘟进入流行盛期，华南西部和江南西部降水偏少，不利于穗颈瘟发生，各地定案调查，病穗率一般0.1%～3.8%，高的1.5%，远轻于2016年。

5.4 华南南部、江南东部、西南北部、江淮稻区局部偏重发生，重于2015年

2016年全国稻瘟病总体中等发生，明显轻于2015年和常年。但受局部气候条件有利及感病品种偏多影响，华南南部、江南东部、西南北部、江淮局部稻区发生程度重于2015年。如海南早晚稻稻瘟病一般发病率为5%～10%，山区和老病区重发，保亭、五指山、琼中等地部分田块因穗颈瘟失收；晚稻稻叶瘟集中在北部和东南部，穗颈瘟集中在西部发病田块，感病品种最高发病率90%。赣中、赣北25个市、县早稻严重田块病叶率高达50%以上，出现叶瘟坐蔸枯死现象。四川发生范围广，叶瘟比2015年同期增加3个市（州）、23个县（区），发生面积比2015年同期增加25.1%，病叶率一般7.55%，比2015年及近年分别高2.05倍、13.7%；穗瘟比2015年同期增加2个市（州）、26个县（区），发生面积是2015年同期的2.4倍；平均病穗率为3.8%，比2015年同期偏高39.7%，比近年同期偏低5%。河南7月下旬平均病叶率8.2%，最高100%，9月上、中旬平均病穗率3.2%，信阳、南阳和驻马店较高，病穗率一般4.6%～9.2%，南阳局部高达49%。

5.5 水稻主栽品种稻瘟病发病差异大，发病品种多

据各地监测，水稻主栽品种稻瘟病发病差异大，发病品种多。其中广东主要发病品种有：特籼占25、特优524、天优103、泰丰优208、五优376、秋优998、秋优1025等。湖南主要发病品种有：湘早籼6号、湘早籼23号、湘早籼24号、湘早籼45号、Y两优9918、Y两优900、株两优819、中浙优8号、深两优5814、中嘉早17号、黄花粘、农户自留常规稻及糯稻等。江西主要发病品种有：软粘、湘早籼45、中早27等软粘、湘早籼45、中早27、两优6323、黄华占、Y两优系列等。湖北主要发病品种有：中稻泰优1号、丰两优香1号、两优6326等。安徽主要发病品种有：两优127、皖稻187、Y两优1928、深两优5814、深两优571、Y两优896、Y两优302、Y两优900、丰两优4号等。江苏主要发病品种有：扬农稻1号、扬粳4227、武运粳24、武进粳23、华粳5号、华粳6号、南粳9108、淮稻5号及部分Ⅱ优系列、糯稻系列等。云南发病品种有：楚粳系列、合系、保粳杂2号、糯谷、云恢290、优质稻等。黑龙江主要发病品种有：绥粳4、龙庆稻3、龙粳21、龙粳31、龙粳39、龙粳46、垦稻12、北稻3、绥稻3、绥稻18、佳禾18、黄金350、1166、沙沙泥、苗香粳1号、袁隆平1号等。

（执笔人：陆明红）

2016年小麦重大病虫害发生特点分析

2016年我国小麦病虫害总体偏重发生，病害重于虫害，发生面积6 104.57万hm²次，为2001年以来第三轻发年份（图1-14）。其中，病害发生3 159.52万hm²次，略低于2015年，但多于近5年及2001年以来的平均值；条锈病总体偏轻发生；赤霉病在常发区大流行，重于2015年和常年；白粉病总体偏重发生，为2001年以来第五重发的年份；纹枯病总体中等发生，接近2001年以来的平均值。虫害发生2 945.05万hm²次，低于2015年，是2001年以来最小的年份；蚜虫总体偏重发生，轻于2015年，比近5年平均值及2001年以来的平均值分别减少12.4%和6.7%；麦蜘蛛总体中等发生，低于近5年平均值和2001年以来的平均值；小麦吸浆虫总体偏轻发生，发生面积明显低于近5年平均值和2001年以来的平均值。

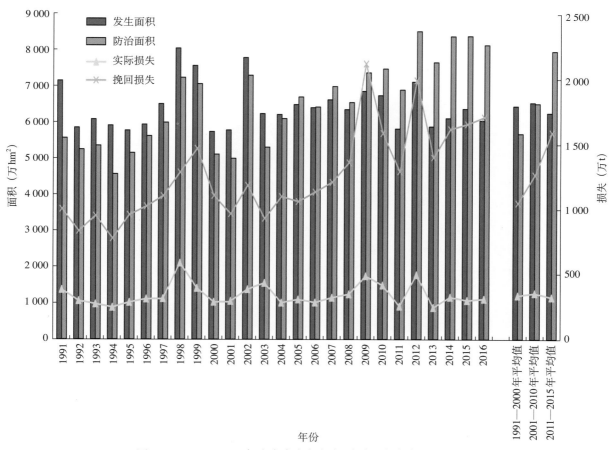

图1-14　1991—2016年小麦病虫害发生/防治面积与实际/挽回损失

1　小麦条锈病

条锈病总体偏轻发生，发生面积157.64万hm²，比2015年减少40%，低于近5年平均值和2001年以来的平均值。其中，新疆伊犁河谷、湖北江汉平原、四川沿江河流域及攀西地区等地偏重发生（4级），西南、西北其他麦区中等发生（3级），江淮、黄淮、华北麦区偏轻或轻发生（1～2级）（图1-15）。

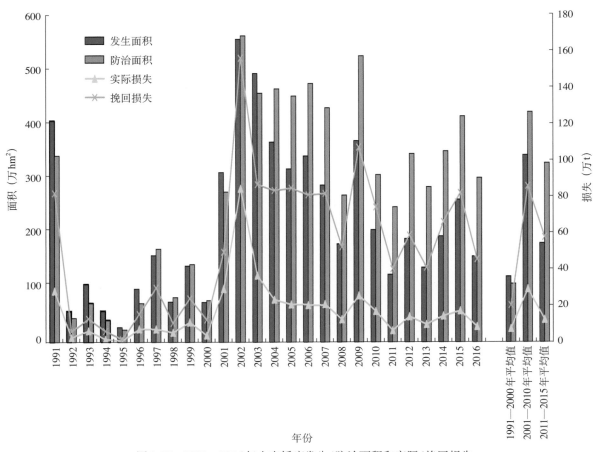

图1-15　1991—2016年小麦锈病发生/防治面积和实际/挽回损失

1.1　秋苗发生面积小，总体发生轻

甘肃、宁夏、青海、陕西等西北秋苗主发区发生面积14.4万hm²，是2001年以来最小的一年，各地多以单片病叶为主，局部早播麦田发病中心多。甘肃发病面积11.4万hm²，同比减少12.0%，平均病田率15%～50%，平均病叶率0.01%～6.5%，最高达30%。宁夏发病面积为1.36万hm²，同比减少56.80%，最高病叶率30%。青海秋苗发病面积为0.17万hm²。陕西陇县2015年11月2日见病，比2014年晚8d，仍属偏早发生年份，平均病田率5.8%。西南冬繁区11月16日在四川剑阁始见，属于早发年份。

1.2　冬繁区见病早、病点多，但发病面积小

冬前（截至2015年12月10日），西南冬繁区陆续在四川盆地北部及攀西地区3县（区）和云南中部1县发病，发病县点数是2001年以来发病县点数较少的一年。此后，四川盆地北部和攀西其他地区陆续发病。湖北钟祥于12月下旬发病。隆冬（截至1月15日），四川、云南、贵州、湖北、陕西、甘肃等省的冬繁区46个县（市、区）发病，比2015年少11个县，发病面积0.43万hm²，比上年增加25%。新疆阿克苏市零星发病，发生面积0.008万hm²，平均病叶率为1.3%，重于2012—2014年同期。冬末（截至2月24日），四川、云南、重庆、湖北、陕西、甘肃6省（市）的43个市113个县（市、区）发病，发生面积2.55万hm²，少于2014年和2015年同期，总体病情仅重于近5年内的2013年，维持在近5年的较低水平。2月底，冬繁区大部处于零星发病阶段，四川盆地东北部、云南中西部等局部田间出现较大发病中心，但病情发展较快，发病县数比2月中旬增加16个，面积增加46.2%，对东部主产麦区威胁较大。

1.3　西南麦区发生早、范围广，局部发生重

　　四川、云南、贵州、重庆分别于2015年11月16日、11月23日、12月13日和2016年1月16日在广元剑阁、曲靖麒麟、毕节赫章和合川见病，比2015年提前3d、30d、30d和1d，重庆比历年早13d。受1月下旬至2月中旬低温和局部干旱天气影响，前期条锈病发展较慢，3月起随着气温回暖，降雨增多，温、湿度条件适宜，小麦条锈病扩展蔓延速度明显加快。截至4月24日，累计在西南麦区43市255县发生39.41万hm²，比上年同期增加36个县、3.95万hm²。嘉陵江、涪江、沱江等沿江河流域麦区局部发生较重，四川南充、绵阳、广元、德阳、成都等的部分重发区域病田率90%以上，全田发病田块率10%以上，五市条锈病发生面积占全省发生面积的68.42%。云南凤庆、临翔重发田块病叶率和严重度均达到100%。

1.4　黄淮和汉水流域麦区发生期偏晚，前期扩展慢，病情平稳

　　湖北汉水流域、河南南部、陕西南部和关中西部等地分别于3月下旬、4月下旬进入流行盛期，比2015年晚10d左右，与常年相近。春季流行期，汉水流域麦区条锈病发生面积逐周增长，扩散速度慢于近年。其中，陕西省4月19日之前，病害扩展缓慢，发生面积从2月3日的0.11万hm²，至4月19日增加到1.03万hm²，低于2010—2015年平均值的3.0万hm²；4月19日后病害迅速扩展，面积由1.03万hm²增加到最终发生面积16.36万hm²，但流行速度仍慢于近年均值；湖北自3月上旬至4月上旬的5周内，发生面积分别为0.23万hm²、0.36万hm²、0.96万hm²、2.29万hm²、4.8万hm²。

　　作为黄淮海主产麦区条锈病春季流行桥梁地带的湖北、陕西南部及关中西部和河南南部，早春条锈病扩展较快，湖北汉水流域、陕西南部及关中西部麦区3月上旬分别在10县和3县见病，发生面积分别为0.23万hm²和0.26万hm²，至4月初已扩展到24县和6县，发生面积分别为4.8万hm²和0.53万hm²；河南南部淅川县4月上旬见病后迅速扩散，发生面积由4月19日的2.49万hm²发展到4月26日的10.31万hm²，对东部麦区威胁大。经有效监测和早期防治，三省份条锈病最终病情得到有效控制。河南全省见病地区平均病叶率0.9%，最高45%。湖北十堰病田率45%，其中3级发生病田率15%，发病中心病叶率平均15%、最高90%，病情指数平均为1.5、最高36；荆州病田率16.6%，发病中心病叶率14.8%，病情指数1.6，潜江熊口农场重发田块中心病团病叶率86.67%，病情指数75.78。陕西总体偏轻发生，据各地后期调查，全省平均病叶率3.27%，低于2015年的7.89%，其中重发县区平均病叶率略阳、宁强、城固、镇安分别为52.8%、32.7%、22.1%、19.2%；关中地区宝鸡市陈仓区病田率60.5%，高于近6年均值的32.3%，平均病叶率2.3%，高于近6年均值的1.1%，最重田病叶率50%以上。

1.5　华北及西北麦区多零星发生，新疆伊犁河谷麦区发生较重

　　山东5月4日在济宁市金乡县首次发现小麦条锈病病叶，随后菏泽、泰安、威海3市相继见病，发生范围为近6年最广。由于5月上旬低温寡照、降水频繁、雨日天气较多，有利于病菌侵染，威海市发生明显重于2015年和常年，文登区发生最重，最大发病中心面积约30m²，病叶率100%，严重度80%。菏泽东明县最大发病中心面积20m²，病株率65%，病叶率30%，严重度为5%～10%，部分病叶严重度达到80%。山西省5月4日始见，比2015年推迟10d，盛发期发病田平均病叶率38.6%，严重度37.2%。河北南部麦区零星发生，5月15日馆陶首见发病中心，比2015年早4d，接近常年，但小麦生长后期气温偏高，不利于条锈病扩展蔓延，对小麦造成的危害较轻。

　　条锈病在甘肃、青海、宁夏、新疆大部麦区田间零星发生，甘肃陇南、天水和平凉东部麦区普遍发生，新疆伊犁河谷发生较重。前期（5～6月），受降雨偏少等因素影响，青海、宁夏等地病情发展较慢，7月下旬，部分地区出现扩散蔓延。新疆8个地（州）32个（县）市发生17.77万hm²，比2015年增加4.02万hm²。其中，伊犁河谷发生面积为14.25万hm²，发生期较上年提前12～55d，伊宁市、伊宁县、巩留县、新源县、尼勒克县、特克斯县、昭苏县呈流行扩散，病情发展速度快。5月11日调查，各地平均病田率为9%～24%，平均病叶率为0.14%～9.25%，重发田块平均病叶率在15%以上，

伊宁市、新源县重发田块最高病叶率达65%，新源县最高严重度达85%。

2 小麦赤霉病

小麦赤霉病2016年在常发区大流行，重于2015年和常年，发生面积689.58万hm²，比2015年增加18.8%，低于2012年，高于近5年及2001年以来的平均值。其中，在长江中下游麦区大发生，发生程度重于上年和大流行的2012年；在江淮和黄淮南部麦区重于上年，接近2012年；在黄淮北部及华北轻于上年和2012年（图1-16）。

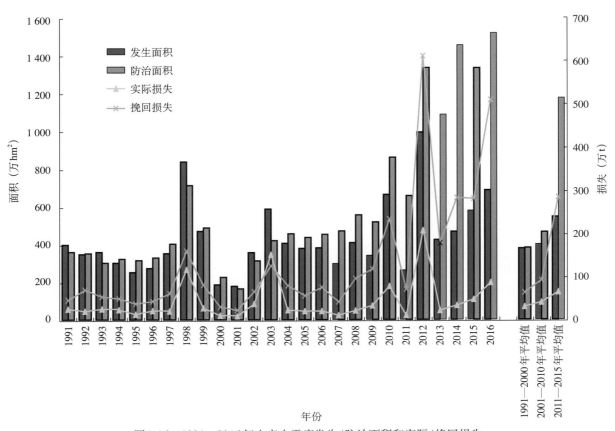

图1-16　1991—2016年小麦赤霉病发生/防治面积和实际/挽回损失

2.1 常发区稻桩及玉米茬带菌率高，子囊壳成熟度指数高

赤霉病常发区稻麦、玉麦多年连作，秸秆还田面积比例在90%以上，稻桩及玉米秸秆带菌率高。其中，稻桩株带菌率，湖北江汉平原和江苏平均在10%左右，浙江为6%，安徽一般为1.0%～5.5%，上海为1.2%，各地菌源量满足大流行条件。江汉平原、江淮中南部及其以南地区病菌子囊壳成熟度指数一般为11.1～47.5，沿淮地区在10以下，孢子释放时间与小麦易感病期吻合度高。

2.2 长江中下游麦区大流行，病情重于2012年

湖北、上海、浙江、江苏南部和沿江等长江中下游麦区大发生，发生程度重于上年和大流行的2012年。湖北全省加权平均病穗率37.8%，病粒率7.45%，病穗率分别是2014年、2015年的4.2倍和1.7倍，病粒率分别是2014年、2015年的5.7倍和2.1倍，为近5年最重年份；其中，江汉平原和鄂东病穗率一般为26.6%～84.6%，加权平均为62.3%，是2015年的2.3倍；病粒率一般在3.5%～19.36%，加权平均为12.5%，是2015年的1.8倍；鄂北岗地、江汉平原北部和鄂西北发生相对较轻，病穗率一

般在0.85%～31.1%，加权平均为20.1%，是2015年的2.1倍。病粒率一般在0.17%～2.92%，加权平均为1.8%，是2015年的1.2倍。上海发生面积3.61万hm²，重于上年及常年，与大发生的2012年相当，全市平均病穗率为18.41%，重发区域平均病穗率达到35.77%，自然观察圃平均病穗率在60%以上，最高达90%。防治后发生程度轻于2012年，病穗严重度为1～2级，病情指数为30左右。浙江发病程度明显重于2015年，嘉兴市5月24日调查，早熟田块平均病穗率达88.7%，平均病情指数为64.5；迟熟田块平均病穗率75.10%，平均病情指数为51.5，重于大发生的2012年和2014年，为历史最重年份。江苏的沿江、苏南及沿淮部分地区病穗率均在50%以上，南部丘陵地区超过80%，严重度大多为2～4级，明显重于大流行的2012年。安徽沿江麦区病穗率平均为17.2%，病粒率为3.1%；少数漏防、弃防或防治失时、药剂不对路、用水量不足的，严重田块平均病穗率一般在30%以上，高的达80%；平均病粒率一般在10%以上，高的达30%。

2.3 江淮和黄淮南部麦区发生重于2015年，轻于2012年

安徽、江苏的其他地区和河南南部等江淮和黄淮南部麦区发生重于2015年，但轻于2012年。江苏江淮地区自然病穗率在30%～50%，高的近70%，严重度大多为2～4级；淮北地区自然病穗率在20%～40%，高的超过50%。安徽江淮麦区病穗率平均为8.3%，病粒率为1.2%；河南南部的信阳、驻马店、南阳等地病穗率在5.2%～34%。

2.4 黄淮北部及华北麦区发生轻

河南中北部、山东、山西、陕西、河北南部等黄淮北部及华北发生较轻，轻于2015年和2012年。河南中北部一般病穗率为0.1%～5%。山东鲁西南、鲁南发生相对较重，菏泽一般病穗率为0.2%～2.0%，个别严重地块病穗率为3.0%～7.0%，轻于2015年，重于常年；临沂郯城病穗率为1%～2%、聊城、滨州、德州、济南、临沂、淄博等地平均病穗率在1%以下。陕西发生面积为17.27万hm²，较2015年减少68.1%，平均病穗率0.6%，低于上年同期的7.1%，其中病穗率>30%的面积近0.07万hm²，小于上年同期的0.69万hm²。山西发生面积5.20万hm²，平均病穗率3.8%，最高6%，低于上年同期的9.6%和54%，万荣县赤霉病平均病穗率14.3%，最高90%以上。河北发生24.79万hm²，发生程度明显轻于上年，也轻于历年，南部部分麦田发生较重，平均病穗率0.02%，辛集市最高病穗率1%。

2.5 西南麦区中等发生，局部发生较重

西南麦区发生重于上年。四川小麦蜡熟期平均病田率53.3%，比2015年和常年同期分别高4.8个和10个百分点；平均病穗率8.1%，比2015年和常年同期分别高3.6个和2.5个百分点；川西、川北局部地区小麦赤霉病发生较重，重发田块平均病穗率15.8%～62.4%。重庆发生面积占小麦种植面积的68%，较上年同期增加74.4%，为近5年来发生最重的一年。4月下旬病穗率达到高峰，平均病穗率7.07%，较上年同期高1.61个百分点，忠县局部田块最高病穗率达83.3%。

3 小麦白粉病

小麦白粉病总体偏重发生，发生面积783.61万hm²，是2001年以来第五重的年份（图1-17）。其中，江苏沿江、沿海、沿淮及淮北局部大发生（5级），上海、江苏的其他麦区偏重发生（4级），黄淮、华北、西北、西南的大部中等发生（3级），其他麦区偏轻或轻发生。

3.1 黄淮和华北南部麦区发生早、前期病情轻，后期扩展快，局部发生重

江苏、山东等地发生期偏早。其中，江苏2月29日在阜宁始见，比2015年早3d；3月底普查，北部连云港、盐城、徐州等地查见病株，平均病株率0.7%；4月初普查，见病范围和病情明显上升，全省大部分地区均查见病株，平均病株率1.4%，大多重于2015年同期。山东常年主要发生区普

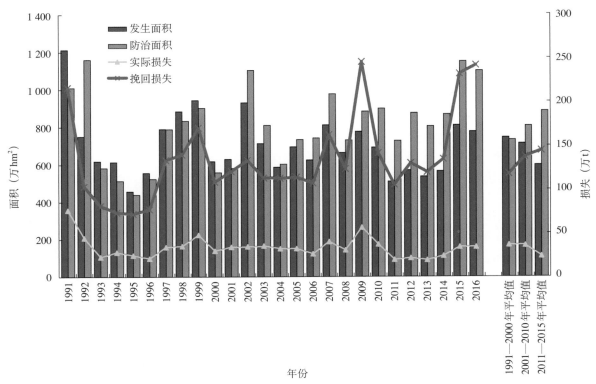

图1-17　1991—2016年小麦白粉病发生/防治面积和实际/挽回损失统计

遍发生偏早，济南、菏泽、聊城等地3月底至4月初，其他各地4月上、中旬陆续见病，是近10年来发生最早的一年。前期受低温干旱影响，4月中旬前，山东、河北、陕西等地病情较轻，发展较慢。

4月下旬至5月上、中旬，黄淮海麦区出现多次降雨，高温高湿天气条件有利于白粉病扩展蔓延，后期白粉病扩展速度加快，5月上、中旬达到发病高峰，局部发生较重。据调查，江苏盐城4月下旬平均病株率为38.5%、病叶率为15.4%；5月初平均病株率进一步上升至43.6%、病叶率达34.5%。山东菏泽、聊城、淄博、潍坊等地5月中、下旬平均病叶率为18%～60%，重发田块达75%以上，烟台6月5日达到高峰期，病叶率100%，平均严重度55%，病叶率是1990年以来系统调查发生最重的一年。河南全省平均病田率30%，平均病叶率8.9%，安阳、濮阳、焦作、开封、三门峡的病叶率分别为19.3%、21.4%、26.7%、27.2%、16%，最高达100%。河北一般病田率30%～60%，病株率20%～50%，一般病叶率5%～20%，重发田块病株率达100%，永年县最高病叶率达90%。陕西全省平均病叶率7.06%，低于2015年的14.05%，其中铜川、合阳、蒲城等发生较重，但轻于2015年，病田率分别为50.3%、25%和65%，平均病叶率分别为24.7%、7.3%和21.2%。山西5月中旬进入流行高峰，一般田块病叶率5%～10%，芮城、盐湖严重田块平均病叶率44.6%～94%，芮城个别田块最高达到100%，接近于2015年同期。

3.2　西南和长江中游麦区病情平稳

四川、云南、贵州等地小麦白粉病早春病情较轻，中后期发生普遍，发生区域主要集中于四川盆地、东北部和攀西地区，云南中部、西南部和东北部，以及贵州西部和西南部。发生盛期调查，云南全省平均病株率为26%，泸水县病株率100%、病叶率93.1%；四川资中、富顺、乐至、安县等地平均病田率、病叶率、病情指数分别为24.21%、8.68%和4.34，略重于2015年。贵州西南部、西部麦区一般病叶率21%，最高达100%。

湖北、安徽等长江中游麦区小麦白粉病病情接近2015年。湖北各主要监测点4月下旬调查，病田率为4%～34.5%，平均病叶率0.5%～23.74%，重发田块最高病叶率达50%以上。安徽发病田块病株率一般在0.75%～8.2%，发病程度较近年偏重，接近2015年。

3.3 西北大部麦区重于2015年

甘肃、宁夏、新疆等西北麦区小麦白粉病总体中等发生。宁夏始见期接近常年，灌区病情重于山区。永宁县6月7日调查，病株率79.5%，病叶率48.1%；青铜峡市调查，病株率13.5%，病叶率4.1%；泾源县调查，病株率3%，病叶率2.1%。新疆5月中旬始见，较2015年偏早10d左右，新源、塔城、额敏等地调查，病田率一般18%～45%，平均病株率9%～14%，个别相对偏重田块病株率达25%；新源县5月15日进入流行扩散期，比2015年提前15d，病田率45%，平均病叶率18%。

4 小麦纹枯病

小麦纹枯病总体中等发生，发生面积851.63万hm²，比2015年减少2.3%，接近2001年以来的平均值（图1-18）。其中，安徽、江苏、湖北偏重发生（4级），河北、河南、山东中等发生（3级），华北及西南大部麦区偏轻或轻发生（1～2级）。

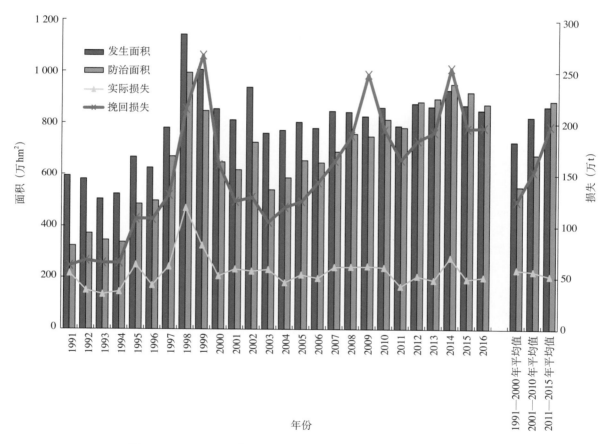

图1-18　1991—2016年小麦纹枯病发生/防治面积和实际/挽回损失

4.1 前期扩展慢，早春发生面积较小

早春小麦纹枯病在我国华北、黄淮等麦区发生面积135.45万hm²，同比减少43%，一般病株率0.3%～6.4%，河南南部和北部、安徽江淮中部和沿淮西部、山东西南部等地区局部重发田块病株率达10%，河南驻马店局地田块最高病株率达76%，总体病情重于2015年同期。湖北平均病株率1.4%，江汉平原沿湖及鄂东麦区发生较重，平均病株率5.3%～13.8%。重庆平均病株率2.6%，低于2015年同期。

4.2 东部主产区发生范围广，后期病情上升快，局部为害重

4月中、下旬至5月上旬，东部广大麦区纹枯病进入快速扩展期和侵茎为害盛期，湖北、安徽、江苏、河南、山东、山西、河北等小麦主产区发生面积达838.61万hm²，占全国发生面积的98.5%。河北5月底调查，全省平均病株率为7.1%，临西县的最高地块达100%。江苏全省系统田加权平均侵茎率26.6%、病情指数16.2、白穗率2.8%，无锡、扬州、淮安、徐州等地的系统田病茎率超过30%、病情指数超过15，全省大田普查加权平均侵茎率9.6%、病情指数5.9、白穗率0.5%。安徽淮北主产区病株率一般为7.1%～14.8%，沿淮及其以南一般为22.6%～32.4%。山东临沂、菏泽、滨州、淄博、青岛、威海等地病株率一般为10%～30%，重发田块病株率达58%，青岛、威海部分田块造成零星白穗，其中威海白穗率1.8%。河南全省平均病田率68%，驻马店、南阳、周口、漯河、开封、焦作、濮阳、安阳等地病株率为19.4%～56.3%，全省平均病株率24.4%、最高100%。湖北南漳5月4日定局调查，纹枯病病田率100%，病株率20%～84%、平均48%，病情指数7～65、平均23.9，个别田块造成成团白穗；枣阳4月25日病株率36.3%，严重田块5月5日白穗率达到10%以上；宜城5月6日定局调查，病田率90.0%，病株率0～75.0%、平均31.4%，比2015年同期高6.8%，比历年同期平均高5.0%；钟祥、沙洋平均病株率分别为40%、26%，最高达80%以上。

5 小麦蚜虫

小麦蚜虫总体偏重发生，轻于2015年，发生面积1 482.11万hm²，比近5年平均值及2001年以来的平均值分别减少12.4%、6.7%。其中，河北、山东、山西、安徽偏重发生（4级），长江中下游、华北、黄淮其他麦区、西南大部麦区、新疆中等发生（3级），西北其他麦区偏轻发生（图1-19）。

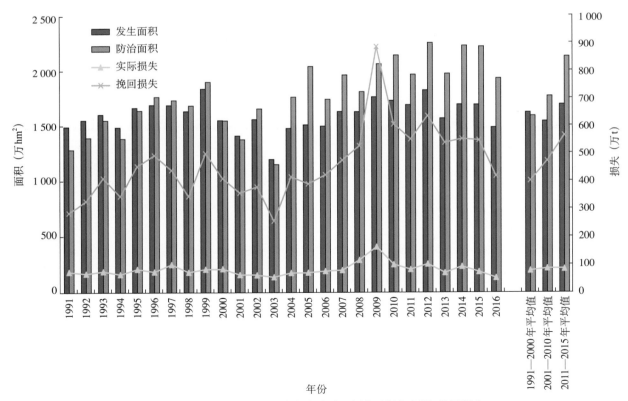

图1-19 1991—2016年小麦蚜虫发生/防治面积和实际/挽回损失

5.1 西南麦区早春虫量上升快，总体略轻于2015年

冬后，随着气温回升，西南麦区虫量上升较快，百株蚜量一般为40～135头，贵州黔西南州、重庆潼南最高虫量分别达1 541头、620头，大部麦区虫量低于2015年和近10年平均值。2月底至3月上、中旬进入始盛期，各监测点有蚜株率一般为18.8%～36.8%，平均百株蚜量241.3～751.9头，高于2015年同期，但低于常年。3月中、下旬至4月上旬，大部麦区普遍升温，蚜虫进入盛发期，但降雨频繁，整体气候条件不利于麦蚜的繁殖为害，各监测点平均百株蚜量一般为74～1 007头，四川、云南、贵州、重庆全省平均百株虫量分别为729.5头、623头、360头、74头，轻于2015年同期。四川省3月下旬至4月下旬盛期虫情调查，平均虫田率、有蚜株率、百株蚜量分别为75.29%、35.25%、729.54头，整体略轻于2015年同期的72.21%、51.10%、874.88头，绵阳市三台县4月上旬调查，重发田块麦蚜最高密度为2 000头/百株，远低于2015年同期的8 000头/百株；云南全省平均百株蚜量为623头，大理、丽江、怒江、德宏等州（市）的19个县（市、区）发生较重，江川县蚜田率50%、蚜株率26%、百株蚜量1 358头、最高蚜量4 720头，峨山县蚜田率60%、百株蚜量587头、最高百株蚜量4 213头。

5.2 长江中下游麦区蚜量少于2015年

3月上旬，湖北、安徽等地平均百株蚜量为2～11头，低于2015年同期。3月中、下旬至4月上旬，随着长江中下游麦区小麦进入拔节孕穗期，麦蚜进入发生始盛期，各监测点平均蚜株率为6.3%～17.5%、平均百株蚜量在19.6～73.8头；安徽3月下旬，沿淮淮北西部的阜南、霍邱、太和等地平均百株蚜量一般为90～102.9头，其他地区均在60头以下，全省大部分地区发生数量较2015年同期减少2～5成；江苏4月上旬调查，全省大部分地区有蚜株率5%～10%，局部超过20%，田间百株蚜量20～50头，明显低于2015年同期。4月中下旬，各地进入麦蚜发生盛期，各监测点平均百株蚜量为141.3～289.2头，安徽蚌埠、宿州等地部分高密度田块百株蚜量达2 000～8 000头；江苏5月调查，系统田有蚜株率29.2%，加权平均百穗蚜量347.3头，低于2015年的464.3头。防后蚜量压低，江苏、安徽等地大田普查平均百穗蚜量在50头以下，基本控制了为害。

5.3 黄淮海麦区蚜量前期上升慢，后期较高

受3月气温偏高影响，麦蚜在黄淮海麦区的河北、天津等地始见期普遍提前。河北正定田间始见期3月30日，比历年提前16d；定州4月4日始见，比历年早7～10d。但早春气温变化较大，3月至4月初蚜量上升缓慢，山东、河北、北京、山西、河南、陕西等地监测点平均百株蚜量为2.7～11.3头，山东、河南、山西、北京等地在4头以下。4月下旬蚜量开始迅速上升，陆续进入发生盛期，黄淮海麦区平均百株蚜量为246～1 469头，低于2015年。河北全省平均百株蚜量458.3头，最高密度达3 800头（滦县）；山东济南5月初，各地百株蚜量为252～2 578头，各监测点平均蚜量为1 468头，潍坊、邹平、菏泽、长清等地局部田块最高蚜量达3 000头/百株以上；河南穗蚜高峰期百株蚜量245.9头，最高50 000头；山西运城麦区5月8日平均麦田百穗蚜量1 000～2 800头，临猗重发田块最高达27 634头，明显高于上年；陕西于麦蚜发生盛期调查，全省平均蚜株率46.4%，平均百株蚜量341头，分别低于2015年同期的72.7%、424.6头，蒲城最高百株蚜量达10 000头，低于2015年同期的50 000头。

6 麦蜘蛛

麦蜘蛛总体中等发生，发生面积584.2万hm²，比2015年减少8.1%，低于近5年平均值和2001年以来的平均值（图1-20）。其中，河南、湖北、新疆中等发生（3级），黄淮的其他麦区、江淮、西南、长江中下游、华北、西北大部麦区偏轻或轻发生（1～2级）。

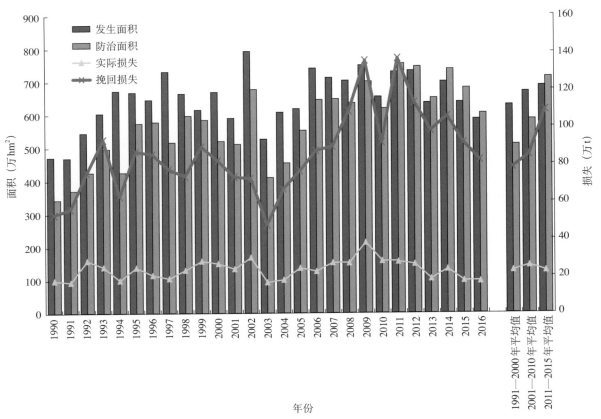

图1-20　1990—2016年麦蜘蛛发生/防治面积与实际/挽回损失

6.1 江汉江淮麦区春季出现发生高峰，局部螨量大

湖北3月中、下旬出现发生高峰，荆门、潜江、随州等地每33.3cm单行平均多在100～630头。其中，荆门3月14日有螨田率100%，每33.3cm单行螨量10～2 000头，平均630头；3月28日最高每33.3cm单行螨量15 000头，其他田块0～900头，平均177。潜江3月22日普查，每33.3cm单行螨量35头，高达72头；高峰日3月29日每33.3cm单行螨量58头。随州冬前百株螨量86头，与历年相当，3月14～15日调查，平均每33.3cm单行螨量196.5头，3月24日调查，平均每33.3cm单行螨量425头。安徽秋苗麦蜘蛛发生轻，各地2015年11月调查，沿淮和淮北零星发生，平均每33.3cm行长螨量为1～40头，较近年同期偏低54.2%～95.8%；3月下旬大部分地区平均每33.3cm行长（或百株）螨量在50头以下，五河、萧县、阜南、霍邱、明光、凤阳等地一般为60～205.8头，发生数量总体偏低。

6.2 黄淮、华北大部麦区前期螨量上升慢，总体程度偏轻

前期气温起伏较大，麦蜘蛛虫口密度上升缓慢，进入4月螨量上升明显，螨量总体不高。山东4月初调查，全省平均每33.3cm单行59.3头，最高500头，虫口密度低于去年同期。临沂、德州、潍坊、青岛、济南、枣庄、日照、菏泽、滨州螨量相对较高，平均每33.3cm单行40～222.3头，最高达500头；4月中旬进入盛期，临沂、青岛、淄博、菏泽平均每33.3cm单行螨量在265～2 000头，淄博最高可达5 000头。河南高峰期平均每33.3cm单行有麦蜘蛛120.2头，最高10 000头，其中信阳、漯河、驻马店、焦作、洛阳等地虫口密度较高，分别为684.7头、587.5头、139.3头、145头和116头。陕西4月上、中旬调查，全省平均每33.3cm单行螨量101.4头，略高于2015年同期的97.0头；柞水、汉台、户县、蒲城、华县、秦都等地平均每33.3cm单行螨量超过250头。河北全省大部分田块麦蜘蛛每33.3cm单行20～50头，临城最高达5 000头。山西一般每33.3cm单行有螨150～250头，芮城最高为8 000头，低于2015年。

7 吸浆虫

小麦吸浆虫总体偏轻发生，轻于上年，发生面积130.66万hm²，明显低于近5年平均值和2001年以来的平均值（图1-21）。其中，河北中等发生（3级），陕西、黄淮、华北的其他麦区偏轻发生（2级），山东、西北其他麦区轻发生（1级）。

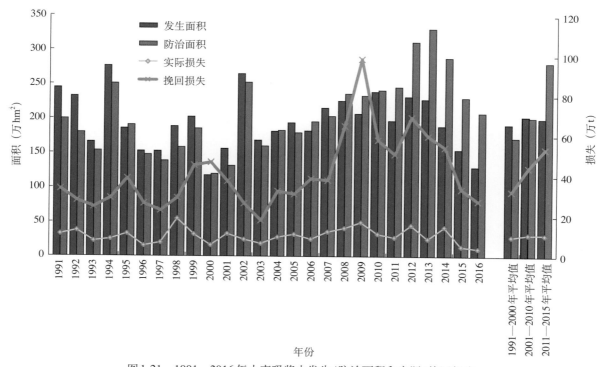

图1-21 1991—2016年小麦吸浆虫发生/防治面积和实际/挽回损失

7.1 大部麦区发生基数偏低，高密度区域减少

吸浆虫在华北、黄淮、江淮大部发生密度呈逐年降低态势。春季淘土调查平均每样方*虫量，北京为4头，河南、陕西、河北、天津为1.1～1.6头，山东、山西分别为0.6头、0.9头，除北京、山东虫量较上年增加2.5头和0.3头外，大部地区比上年和常年减少15%～40%。最高密度虫量，河北安新为82头，北京大兴为39头，高密度区域少。

7.2 成虫虫量低，为害较轻

江淮、黄淮和华北等主发区成虫羽化盛期多在4月下旬至5月上旬，大部地区发生虫量低。发生盛期大部麦区百复网虫量在2～100头以下，其中陕西平均为172头，长安、武功高峰期百复网虫量分别为253头和83头，低于2015年。常发区被害率较低，总体为害轻，河北局部田块虫量较高。大部麦区被害穗率在3.4%～25.8%，河北正定达25.8%；被害粒率一般在0.3%～3.3%，山西永济、河北正定平均被害粒率分别达3.32%、2.7%，河北邢台最高达15.1%；平均单穗虫量在4头以下，河北正定单穗最高达55头。

8 其他病虫害

小麦叶锈病在黄淮、华北、江淮、西南和西北麦区发生340.19万hm²，是近年来发生面积最大的

---

  * 一取样器取的土（100cm²×20cm）为一个样方。——编者注

一年。黑穗病、病毒病、全蚀病、根腐病、叶枯病、胞囊线虫病、雪腐病在华北、黄淮和西北部分麦区有一定程度发生。蛴螬、金针虫、蝼蛄等地下害虫发生面积443.84万hm²，轻于2015年，湖北、山西、甘肃中等发生（3级），华北、黄淮、西北的其他麦区以及长江流域麦区偏轻或轻发生（1～2级）。一代黏虫在江淮、黄淮麦区，麦叶蜂在黄淮、华北麦区，土蝗在华北、西北麦区，灰飞虱在江淮、黄淮稻麦轮作区，麦叶蜂、麦茎蜂在华北、西北部分麦区均有一定程度发生；白眉野草螟在山东的发生范围进一步扩大。

（执笔人：黄冲）

2016年玉米病虫害发生概况

2016年玉米病虫害总体中等发生，轻于2015年，以玉米螟、黏虫、蚜虫、蓟马、叶螨、棉铃虫、地下害虫和大斑病、小斑病、褐斑病、南方锈病为主，发生面积6 955.5万hm²次，虫害发生5 216.1万hm²次，病害发生1 739.4万hm²次，同比分别减少10.3%、7.1%和18.6%。其中，一代玉米螟在东北大部偏重发生，全国发生800.0万hm²；二代玉米螟在山西、内蒙古大发生，在东北大部、西北局部偏重发生，全国发生1 067.0万hm²；三代玉米螟在黄淮大部偏重发生，全国发生447.2万hm²。二代黏虫全国发生140.0万hm²，比上年减少38%，比重发的2012—2013年平均值减少70%，华北和黄淮地区偏轻发生，东北地区轻发生；三代黏虫全国共发生60.0万hm²，是近几年发生面积最小的一年，华北、东北地区总体为害程度轻于2012—2015年，但黄淮局部虫口密度高，陕西、河南、山西三省交界区域近0.07万hm²发生较重，重发田块集中在陕西渭南、西安、咸阳，河南洛阳、三门峡，山西运城，内蒙古鄂尔多斯局部的玉米田发生严重。二点委夜蛾在河北、山东等部分地区虫量高，局部可达大发生，总体为害程度重于前3年，轻于重发的2011年。蚜虫在华北、黄淮局部偏重发生，全国发生面积544.5万hm²。大斑病总体中等发生，在东北、华北局部偏重发生，全国发生面积405.3万hm²。小斑病在黄淮海局部中等发生，全国发生251.0万hm²，轻于近几年平均水平。褐斑病在黄淮海中等发生，局部偏重发生，全国发生154.5万hm²，重于2015年水平。南方锈病在黄淮海大部偏轻发生，全国发生253.7万hm²，明显轻于2015年水平（图1-22）。

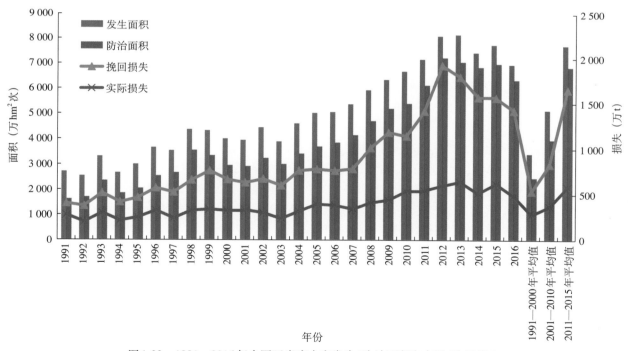

图1-22　1991—2016年全国玉米病虫害发生/防治面积和实际/挽回损失

1　玉米虫害

1.1　玉米螟

一代玉米螟在东北大部偏重发生，全国发生800万hm²；北京一代玉米螟轻发生，发生面积1.46万hm²，被害率2.3%，比历年平均值14.3%偏低8成，最高被害率为8.7%。天津一代玉米螟花叶率平均为2%～3%，最高为20%，一般百株有虫2～3头，最高10头。辽宁偏重发生，全省冬后玉米螟平均百秆活虫70头，为近5年来最高值。一代玉米螟为害期平均百株虫量为35头，略高于上年同期。田间花叶率一般为20%～40%，被害株率可达30%～60%。黑龙江一代玉米螟偏重发生，发生面积达到种植面积的37.4%，2016年秋季剥秆调查，全省平均百秆活虫67.2头，为历年来较低虫量。江苏一代轻发生，淮北偏轻至中等，百株活虫量全省加权平均18.1头。各地普查田间峰期虫量，全省加权平均9.6头，较2015年减16.5%。山东一代中等发生，主要在春玉米上发生，平均百株有虫2.8头，较2015年低6.8头，最高21头；平均被害株率3.5%，较2015年同期减少52%，最高被害株率67%。

二代玉米螟在山西、内蒙古大发生，在东北大部、西北局部偏重发生，全国发生1 067万hm²。二代玉米螟在河北中南部夏玉米区偏轻发生，北部春玉米区中等发生，局部偏重发生，发生程度接近上年。在山西大发生，田间虫量多，为害损失重，是40年来为害最重的一年。中北部地区的吕梁、晋中、太原、忻州等平川区二代玉米螟百株含虫量一般300～500头，高者达700～800头，玉米、高粱被害株率达100%，折株率达50%以上。8月下旬在汾阳市肖家庄、演武等地调查，虫株率几乎达100%，百株虫量300～500头，地上密布虫粪，植株茎秆、穗部等多个部位同时有各龄期幼虫蛀食，损失严重。吉林玉米螟轻发生，主要发生区域为西部白城、松原、四平各县（市）。江苏偏轻发生，百株活虫量全省加权平均为4.5头，与上年持平，比历年减11.5%。各地普查田间峰期虫量，全省加权平均8.1头，较2015年增13.2%。山东偏轻发生，局部中等发生，平均被害株率13.5%，最高48.2%；平均百株有虫13.2头，最高45头；半岛、鲁西南、鲁北发生较重。

三代玉米螟在黄淮大部偏重发生，全国发生447万hm²。河北总体中等发生，局部偏重发生，发生程度与上年相当。9月上、中旬穗期调查，全省平均百株11.6头，与2015年和2014年相当。地区间差异大，其中永年、望都等县平均虫量明显高于上年，景县、正定县等平均虫量远低于上年。田块间差异大。山西偏重发生，为害高峰期在8月下旬至9月上旬。一般平均百株有虫40头左右，个别严重田块最高120头，高于2015年同期；被害株率一般35%～45%，芮城最高90%，接近2015年。江苏偏轻发生，其中沿江、沿海部分地区中等发生，百株活虫量全省加权平均28.5头，比上年减49.7%，比历年减12.7%。各地普查田间峰期虫量，全省加权平均19.2头，较2015年增54.9%。安徽三代玉米螟平均被害株率10.7%，最高89%，平均百株虫量5.8头，最高157头。

1.2 二点委夜蛾

二点委夜蛾在河北、山东等部分地区虫量高，局部可达大发生，总体为害程度重于前3年，轻于重发的2011年，发生面积81.2万hm²。北京轻发生，发生面积0.02万hm²。大部分地区田间调查时仅零星发现幼虫，未发现明显受害田块。天津盛发期7月初调查，二点委夜蛾重发生区域夏玉米受害率一般10%，最高虫口密度3头/株。河北全省发生面积37.9万hm²，发生为害轻，被害株率低，但在区域间和田块间发生差异较大。玉米田为害程度总体偏轻。由于近几年大力推广农机农艺措施，玉米播种行较为清洁，致使二点委夜蛾总体为害偏轻。发生田块一般百株有虫2～10头。永年县6月24日在常年发生较重的田块调查，一般1～5头/m²，最高密度20头/m²，幼虫主要在玉米垄间土背上，没发现被害株。各地差别较大，地区间田块间差异较大。廊坊市零星见虫，保定市的博野、望都及衡水的饶阳县等县至2016年仍未发现幼虫为害。麦秸高麦糠多、播种行未清理、播种晚的玉米田受害重，南大港、故城、栾城等地个别严重发生田块被害株率0.8%～7%。安徽轻发生，在全省5市10县（区）发生，二代幼虫为害盛期与夏玉米苗期吻合度高，淮北地区秸秆还田比例高，田间覆盖物多，环境条件有利于二点委夜蛾发生为害。在淮北地区轻发生，但局部出现高密度田块，谯城区北部古井镇发现高密度幼虫田块，每平方米2～5头，最高达15头，田间被害株率为0.1%～0.5%，最高5%。山东鲁西南、鲁南、半岛局部中等发生，局部田块为害严重，发生重于2015年，共有14市发现二点委夜蛾，平均幼虫密度为1.7头/m²，最高70头/m²，最高单株有虫13头，玉米平均被害株率1.5%，最高50%。其中，临沂、济宁、枣庄、青岛发生较重，局部田块大发生。

1.3　黏虫

二代黏虫全国发生140万hm²，比上年减少38%，比重发的2012—2013年平均值减少70%。华北和黄淮地区偏轻发生，东北地区轻发生。河北黏虫轻发生，为2012年重发生以来的最轻年份，二代黏虫幼虫量低，点片发生，多数地区虫量均在3头/百株以下，只永年县、迁安市、万全县出现小面积偏高虫量。山西偏轻发生，主要发生在运城、大同、长治等地田间杂草多、长势差的玉米田，以为害夏玉米为主。运城市调查，平均百株有虫4～11头，为害株率一般6%～12%，万荣最高12%，为害程度轻于2015年。吉林二代黏虫偏轻发生，主要发生区域在长春、白城、四平、松原、辽源。6月10日后发现低龄幼虫，田间每平方米虫量为0.2头，最高1.7头，主要发生在管理粗放的草荒地和低洼地块。山东二代黏虫幼虫轻发生，局部地区偏轻发生。主要为害春玉米、套种玉米和早播玉米，主要在鲁西南、鲁中、半岛地区发生。三代黏虫全国共发生60万hm²，是近几年发生面积最小的一年，华北、东北地区总体为害程度轻于2012—2015年，但黄淮局部虫口密度高，陕西、河南、山西三省交界区域近0.7万hm²发生较重，重发地块集中在陕西渭南、西安、咸阳，河南洛阳、三门峡，山西运城，内蒙古鄂尔多斯局部的玉米田。北京大部偏轻发生，发生期与常年持平，未见达标防治田块。8月上旬普查，平均百株虫量0.4头，最高5头。河北三代黏虫幼虫点片发生，除丰南区玉米田出现达标防治田块外，其余发生地区玉米田虫量均在5头/百株以下，谷田在2头/m²以下。丰南区8月上旬调查，夏玉米田平均百株幼虫14头，最高120头，大约发生200hm²，叶片出现缺刻状，密度高的田块缺刻较为严重。山西三代黏虫在运城、临汾中等发生，管理粗放、硬茬播种、田间杂草多的复播玉米田偏重发生。一般为害株率15%～25%，百株虫量20～40头，芮城个别重发田块最高百株虫量达500～800头，单株最高25头。三代黏虫在内蒙古东部地区密度低，鄂尔多斯出现高密度点片，8月4日，鄂尔多斯市乌审旗无定河镇玉米田幼虫平均百株虫量为280头，最高400头，虫龄为四、五龄，发生0.04万hm²；鄂托克前旗城川镇玉米田调查，幼虫平均百株虫量为200头，最高380头，虫龄为四、五龄（图1-23）。

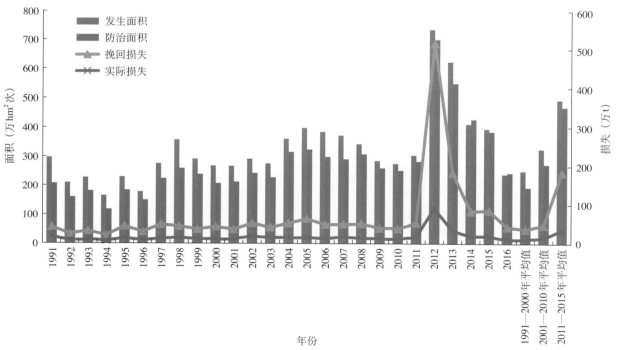

图1-23　1991—2016年全国玉米黏虫发生/防治面积和实际/挽回损失

1.4 蚜虫

蚜虫在华北、黄淮局部偏重发生，全国发生面积54.45万hm²。天津苗蚜中等发生，穗蚜偏重发生。8月中、下旬盛发期调查，重发区域一般密度平均为700头/株，最高密度3 000 ～ 4 000头/株。河北总体偏轻发生，发生程度重于2015年，轻于偏重发生的2013年、2014年。玉米品种间蚜量差异明显，一些雄穗较密，秸秆含糖量高的玉米品种蚜虫发生量较大，8月中旬至9月上旬为发生盛期。发生田块一般蚜株率15%～30%，高的达80%～90%；发生较轻田块百株蚜量一般300 ～ 1 000头，重发田块百株蚜量一般2 000 ～ 3 000头，高的达单株2 000头。山西总体偏轻发生，局部中等至偏重，6月上旬始见，发生比2015年早10d左右。为害盛期在7～8月，8月中旬普查，春玉米田一般有蚜株率10%～15%，最高30%，一般百株虫量3 000 ～ 5 000头，在临汾霍州、翼城个别严重区域百株虫量高达30 000头。吉林中等发生，一般发生田块蚜株率在5%左右，百株蚜量600头，严重发生田块最高起油株率达14%。安徽轻发生，发生时间集中在8月玉米抽雄期间。8月下旬各地调查，玉米蚜虫在阜阳的临泉、颍东等地发生数量有所上升，百株蚜量一般为115 ～ 490头，最高为6 500头。山东偏轻发生，甜玉米品种中等发生，重于2015年。烟台春玉米上蚜虫以高粱蚜为主，高峰期在8月19日，百株有蚜4 955头。夏直播玉米上也以高粱蚜为主，高峰期在8月19日，百株有蚜2 476头，后期多集中在玉米雌穗的苞叶上。

1.5 蓟马

在华北、黄淮大部偏重发生，发生面积260.3万hm²，与上年持平。天津中等发生，发生程度略重于上年，6月中旬高峰期调查，一般田间为害率7%～12%，平均百株虫量200 ～ 600头，严重地块被害株率30%，百株虫量1 000 ～ 1 500头。河北偏重发生，局部大发生，为害期长，为害程度与2015年相近，从5月下旬开始为害晚播春玉米和早播夏玉米，为害期一直延续到6月下旬，属于近年来最长年份。6月中旬达第一次为害高峰，一般虫株率至盛期几乎都达100%，晚播春玉米和南部早播夏玉米田一般百株虫量300 ～ 1 000头，高的达3 000头以上，最高单株200头，严重田块心叶扭曲率20%以上。6月19 ～ 20日降雨，使大部分地区虫量下降。部分降雨少的地区6月下旬达第二次为害高峰，主要发生在夏玉米田。宁晋县6月27日调查，一般田块百株虫量100 ～ 700头，虫株率10%～35%，最高百株虫量达到1 200头。巨鹿县6月27 ～ 28日调查，玉米蓟马平均百株200头，最多百株700头。山东总体偏重发生，半岛、鲁中、鲁西南地区发生较重，前期发生重，后期由于降雨，为害减轻，全省平均被害株率41%，平均单株有虫15.2头，最高可达100头以上。

1.6 棉铃虫

在黄淮海地区总体偏重发生，发生面积493.4万hm²，近年来各代棉铃虫在玉米上都有为害，发生范围也逐渐扩大。天津2016年各代棉铃虫中等程度发生，发生面积较历年显著增加。二代发生盛期为6月底至7月中旬，田间一般被害株率为2%～6%，最高25%。三代发生高峰期在7月下旬至8月，主要在雌穗花丝部为害，玉米抽雄吐丝期与三代棉铃虫产卵盛期相吻合的田块受害重。三代为害株率为4%～10%，最高25%。河北二代棉铃虫偏轻发生，发生普遍，发生程度总体轻于上年，局部田块虫量偏高。全省一般百株虫量1 ～ 5头，重发生田块20 ～ 30头，春玉米最高60头。三代棉铃虫在夏玉米田偏轻发生，春玉米区总体中等发生，局部偏重发生。四代棉铃虫发生情况地区间差异较大，多数地区比上年有所降低，但馆陶、巨鹿、望都等县平均百株虫量高于2015年，田块间差异较大，巨鹿县9月5 ～ 6日共调查13块田，其中4块田未查到幼虫，一般田块10 ～ 30头/百株，高的达60 ～ 70头/百株。江苏三代棉铃虫在沿海、淮北局部地区达中等发生，全省加权平均百株虫量10.8头，是2015年同期的3.5倍。部分春玉米抽穗期与二代棉铃虫产卵高峰期相遇的田块发生较重。安徽中等发生，7月上旬二代棉铃虫在阜阳、宿州等地零星发生，玉米平均被害株率0.79%，平均百株虫量0.13头；8月中旬三代棉铃虫在亳州、宿州等地普遍发生，平均被害株率1.04%，较上年同期增加14.9%；百株虫量0.4头，较近3年同期均值减少80.9%；9月中旬玉米田四代棉铃虫平均百株虫量2.5头，平均被害株率2.7%。

1.7 双斑萤叶甲

在全国玉米产区总体偏重发生，在华北和西北局部田块虫口密度高，发生面积为275.0万hm²，接近上年。河北发生范围、程度与上年相当，承德县8月9日调查，双斑萤叶甲为害玉米、谷子、水稻、甘蓝等多种作物，玉米田虫株率35%～80%，单株幼虫4～8头；蔚县中等发生，发生盛期8月中旬至9月中旬，百株有成虫200～1 000头，主要咬食花丝及穗顶部嫩粒，无灌溉条件的田块发生较重。山西中南部发生偏轻，北部偏重，呈逐年加重趋势。北部为害盛期为7～8月，杂草多的河灌区、水浇地发生较重。朔州为害高峰期一般百株虫量800～2 000头，最高3 000余头，较上年偏重，为近年来发生密度最高的一年。大同一般百株虫量1 000～1 500头，最高2 000余头，为害时间长，直到9月上旬，仍可见到为害。陕西总体偏轻发生，延安及渭南部分县（区）中等发生，发生期偏晚，陕北重于关中。宁夏中等发生，6月20日在原州区中河乡中河村玉米田始见，比2015年晚5d。彭阳县调查，一般田块百株2～5头，最高百株虫量15头；盐池县调查，平均单株有虫3～7头，严重田块单株有虫10头；永宁县调查，平均单株有虫0.3头。

1.8 地下害虫

在华北、东北局部偏重发生，部分田块虫口密度高，为害程度重，发生面积680.8万hm²次。天津中等发生，局部偏重，主要以蛴螬、金针虫、小地老虎为主，重发面积0.133万hm²。各类地下害虫以小地老虎为害最重，重点发生时期5月下旬和7月上、中旬调查，小地老虎发生主要集中在静海、宁河部分地区，田间最高虫株率达到60%，重发田块虫口密度最高5头/m²，百株死苗率2%～3%。内蒙古总体偏轻发生，局部中等发生，主要发生在赤峰市、兴安盟、通辽市、乌兰察布市等地。蛴螬在辽宁大连、阜新、鞍山、铁岭以及沈阳北部地（区）偏重发生，金针虫在锦州、葫芦岛、阜新等地偏重发生。吉林总体中等发生，在白城、松原、长春、四平等地局部偏重发生，以金针虫、蛴螬为优势种群，平均密度1.9头/m²，最高12头。苗期平均被害率1.9%，最高达11%。

2 玉米病害

2.1 大斑病

在全国玉米产区大斑病总体中等发生，在东北、华北局部偏重发生，全国发生面积405.3万hm²。北京受气候因素影响，玉米大斑病发生比常年偏轻，发生期偏晚。9月普查，玉米大斑病病株率为9.3%，最高病株率为43%。河北总体中等发生，局部偏重至大发生，发生程度略重于上年；中南部夏玉米区零星发生，其中335系列感病品种偏重发生。山西总体偏重发生，忻州、大同、晋中东山等地发生更为严重。忻州始见期为6月8日，8月中旬进入盛发期，平均病株率25%～40%，平均病叶率15%～25%。8月29日忻定盆地调查，病株率普遍达到100%，8月下旬大同平川区高水肥玉米田普遍发病。内蒙古7月中旬，兴安盟突泉县、乌兰浩特市发现玉米大斑病，病株率20%左右，严重田块病株率55%。鄂尔多斯市主要发生在乌审旗、鄂托克前旗和伊金霍洛旗，一般病株率约为5%，个别田块病株率10%～45%，伊金霍洛旗多地玉米大斑病发生严重，部分地区玉米大斑病病株率达到90%以上。吉林中等发生，主要在四平、长春、松原、白城、辽源等地，病株率平均为8%以上。江苏总体偏轻发生，主要在淮北地区，全省加权平均病株率3.7%，其中沿海地区2.8%，淮北5.7%，病株率最高田块在徐州，达82%。陕西轻发生，局部地区偏轻发生，始见期大部偏晚。发病程度轻，全省平均病株率12.9%，病叶率5.47%，均低于2015年的15.0%及近5年同期平均值14.8%。商洛、延安发病相对较重，病株率分别为34.8%和29.7%，与2015年及近5年同期相当。其余各市病株率、病叶率均小于15%，且均低于2015年及近5年平均值（图1-24）。

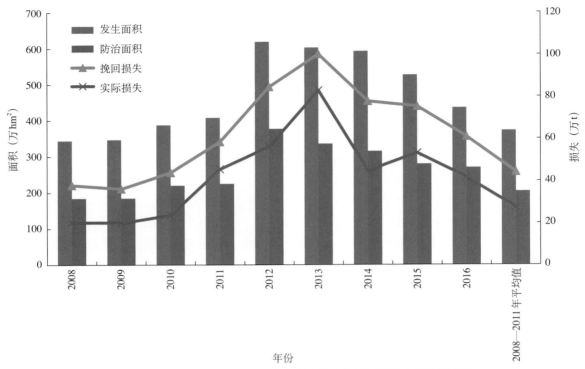

图1-24 2008—2016年全国玉米大斑病发生防治面积和实际挽回损失

2.2 小斑病

全国玉米小斑病总体偏轻发生，局部中等发生，全国发生251.0万hm²，比上年减少2.8%。江苏中等发生，主要发生在沿海、淮北地区，全省加权平均病株率12.4%，其中沿海地区20%，淮北14.9%；沿海个别重发田块病株率达100%。湖北6月下旬至7月初调查，荆门病株率45%～75%，平均60%，病叶率11.6%～23.1%，平均13.4%。南漳病株率61%、一般病叶率8.1%，最重田块病株率100%，病叶率38.5%。当阳病株3%，病叶率0.4%，发病为害高峰期在7月下旬至8月上旬，7月25日病株率25%，病叶率4.5%；8月9日病株率29%，病叶率5.4%。河北玉米小斑病与弯孢霉叶斑病混合发生，总体偏轻，发生程度接近常年，地区间田块间差异较大。永年县8月中旬到9月上旬调查，重发田块病株率60%，病叶率30%～50%。安徽平均病株率5.6%，平均病叶率1.7%，分别是上年同期的11.9倍和17倍。云南轻发生，保山市发生相对较重，施甸县病田率57.3%，较上年同期增加25.9%。

2.3 丝黑穗病

全国玉米丝黑穗病总体偏轻发生，局部中等发生，发生面积85.2万hm²，比2015年减少13.7%。其中，内蒙古偏轻发生，发生面积10.6万hm²，主要发生在通辽市、呼伦贝尔市、赤峰市、兴安盟。吉林中等发生，发生面积4.7万hm²，主要发生在长春、松原等地，发病株率平均为2%以上。山西在大同、太原、吕梁、长治等地偏轻发生，局部早播重茬低洼下湿地偏重发生，发生面积10.7万hm²。

2.4 褐斑病

全国玉米褐斑病总体中等发生，发生面积154.5万hm²，比2015年增加12.2%，主要发生区域为黄淮海和东北地区。北京大部分地区偏轻发生，部分地区发生较重，发生期偏晚，流行速度快。9月普查，平均病株率为37.4%，最高病株率达90%。河北偏重发生，局部大发生，受7、8月降雨偏多影响，玉米褐斑病发生普遍，一般病田率20%～40%，严重的病田率达50%～70%。发病高峰早、扩展速度快。7月初夏玉米即始见发病，永年县7月5日调查，个别地块发病株率已达15%～25%。7月中旬发病地块增多，7月19～25日暴雨后，田间病株率增加迅速。霸州市调查，夏播玉米褐斑病7月11日病田率4%，至7月25日已升至56.3%。定州市调查，7月24日一般田块病株率5%～10%，重发生田块20%～30%，至8月2日一般地块病株率5%～20%，播种较晚的（8～10叶）重发生田块30%～50%，个别田块病株率达85%～100%。江苏轻至偏轻发生，主要发生在沿海及淮北地区，全省加权平均病株率10.6%，同比2015年增加1.3倍，其中沿海地区病株率13.2%，淮北地区病株率8.8%。据沿海重发地区调查，7月中旬病株率5.8%，8月上旬上升至25.5%，明显重于上年。

2.5 粗缩病

全国玉米粗缩病总体偏轻发生，全国发生面积38.6万hm²，发生程度轻于常年，黄淮海地区为主要发生区域。河北总体偏轻发生，东部部分田块及南部蒜茬田块发生偏重，发生程度重于近年，杂草较多田块虫量较高。沧县6月5日调查，玉米田灰飞虱数量较大，明显高于近年，田间出现玉米粗缩病病株，病株率5%。馆陶县7月4日调查，蒜茬玉米田粗缩病较重，病田率达50%，发病品种均为冀农1号。磁县7月上旬西部山区普查，晚春播、早夏播玉米粗缩病发生偏重，一般病株率15%～20%，严重的达30%，夏玉米发生则较轻，发病程度重于上年。江苏各地6月上旬系统监测，传毒介体灰飞虱虫量在淮北地区发生量较2015年及常年高，其中里下河、沿淮及淮北水稻秧田系统田每667m²虫量大多在10万～50万头，局部超过30万头，高于2014—2015年，但是越冬代灰飞虱未检测出带毒，粗缩病仅在部分地区轻发生，主要集中在沿淮地区，重发田块主要为半夏玉米。安徽玉米粗缩病在早栽的夏玉米田零星发生，传毒介体灰飞虱虫口基数总体较低，但沿淮地区麦田、淮河以南稻田及淮北部分麦茬玉米田虫口有所上升。5月下旬麦田灰飞虱每667m²虫量大多在0.2万～2.5万头，灰飞虱黑条矮缩病等带毒率有所上升，带毒区域范围扩大明显。山东玉米粗缩病在春玉米和套种玉米田偏轻发生，直播玉米田发生较轻。6月下旬连续阵雨、大雨压低了灰飞虱的虫量，主要压低沟渠路边杂草的灰飞虱，切断了玉米粗缩病的传播途径。玉米直播面积逐年加大，不利于其发生。同时，玉米普遍采用包衣技术，尤其是噻虫嗪、吡虫啉等二次包衣面积较大，群众防治意识增强，防治效果较好。

2.6 纹枯病

全国玉米纹枯病总体偏轻发生，局部中等发生，发生面积174.0万hm²，接近2015年。北京偏轻发生，平均病株率4.9%，最高病株率达35%。吉林中等发生，主要在长春地区发生，发病株率平均为5%以上。江苏见病早于常年，在春玉米上明显重于上年同期，全省总体中等发生，主要发生在沿海、淮北地区。据各地病情定局调查，纹枯病病株率全省加权平均为5.6%，同比2015年增8.7%，其中沿江地区1.1%，沿海地区4.8%，淮北7.3%，病株率最高田块在徐州，达80%。据重发地区典型调查，最早于6月上旬已经见病，7月上旬春玉米病株率14.7%，7月下旬上升为24.9%。

2.7 南方锈病

全国玉米南方锈病总体中等发生，局部偏重发生，发生面积为253.7万hm²，发生面积仅为重发的2015年的49%，发生程度重于常年，明显轻于2015年。江苏在夏玉米上偏轻发生，发病程度明显轻于2015年。沿海及淮北部分地区偏重发生，全省加权平均病株率16.7%，同比2015年降低54.6%，其中沿江地区未查见，沿海地区病株率9.6%，沿淮及淮北地区病株率27.8%，沿海及淮北均可查见病株率100%的重发田快。河北发生范围进一步扩大，局部田块发病较重，各地调查，玉米锈病8月中旬开始发生，9月初各地开始见病，9月中、下旬达发病高峰，主栽品种均有发生。馆陶县调查，9月2日始见玉米锈病，各品种均有发病，后期发病上升迅速，扩展快，9月21日调查一般病株率16%，最高80%。永年县调查，9月中、下旬达发病高峰，发病田块病株率65%～100%，病叶率45%～80%。滦县9月21日调查，玉米南方锈病在夏玉米田普遍发生，一般田块病株率10%以下，病叶率30%以上，发病严重田块病株率30%以上，病叶率达50%以上，中部叶片发病严重度60%～80%。山东偏轻发生，重于常年，轻于2015年，个别田块、品种发生重。威海8月6日始见病叶，病叶率1.15%，受8月中旬降水影响，病情发展较快，到9月中旬达高峰，病田率达50%，病株率27.6%，严重的达56%，9月下旬后降水偏少不利于其为害；菏泽8月底调查，病田率5%～10%，病叶率0.2%～1.5%，9月中旬调查，病田率15%～20%，一般田病叶率1%～6%，个别田块病叶率20%。湖北轻发生，发生6.2万hm²次，比2015年同期减少56.7%，主要发生在襄阳、荆门、恩施等地（图1-25）。

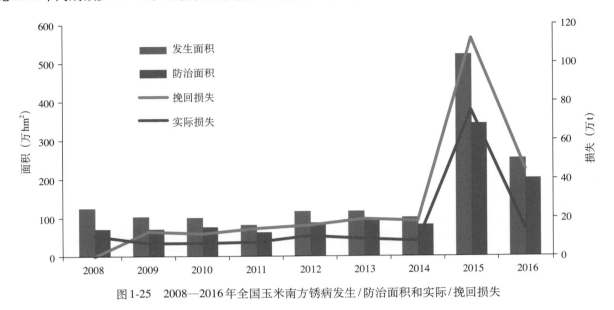

图1-25 2008—2016年全国玉米南方锈病发生/防治面积和实际/挽回损失

2.8 弯孢霉叶斑病

全国玉米弯孢霉叶斑病总体偏轻发生，为害程度轻于上年，发生面积111万hm²，与2015年相当。山东偏轻发生，枣庄发病玉米田一般病叶率10%，最高30%；聊城病株率为8%，最高为20%，病叶率为5%；临沂病株率15%～20%，病叶率25%～40%；滨州病田率10%～20%，病株率3%～5%，病叶率1%～2%。玉米拔节到出穗期间，干旱少雨，对病害发展不利。北京弯孢霉叶斑病轻发生，发生面积为2.3万hm²。安徽弯孢霉叶斑病9月上旬平均病株率37.3%，平均病叶率14.5%，发生面积25.2万hm²，较上年发生面积减少34.6%。

2.9 瘤黑粉病

全国玉米瘤黑粉病总体中等发生，华北局部地区偏重发生，全国发生面积为59.0万hm²，比上年减少23.2%，主要发生在华北、西北部分地区。河北总体偏轻发生，田块间差异较大。6月下旬瘤黑粉病开始发生，始见期早于近年，与2015年相当。滦县7月1日调查，部分早播春玉米田发生瘤黑粉病，发病株率为5%以下，个别感病品种病株率达10%～20%，始见期与2015年相当，比2014年早1周。香河县7月1日调查，平均病株率8.5%，发生于玉米茎和叶片上；7月28日调查，病田率80%，病株率1.2%。山西总体中等发生，在南部、东南部多年重茬种植玉米田偏重发生。8月中旬普查，平均发病株率为5%～6%，最高15%，低于2015年同期，9月中旬普查，平均发病株率为11%，严重田块最高病株率大于20%，低于2015年。内蒙古偏轻发生，发生面积为1.1万hm²，主要发生在通辽市、呼伦贝尔市、赤峰市、兴安盟。

（执笔人：刘杰）

2016年全国棉花病虫害发生实况和原因分析

2016年棉花病虫害总体为偏轻程度发生，全国累计发生面积985.67万hm²次，其中，病害发生194.56万hm²次，虫害发生791.11万hm²次；全国棉花病虫害防治面积1 166.43万hm²次，病虫害发生和防治面积同比分别减少14.5%和17.4%；挽回损失和实际损失分别为83.8万t和24.2万t，同比分别减少7.7%和1.2%。

1 重大病虫发生概况

1.1 棉花虫害

1.1.1 棉铃虫

全国总体偏轻发生，发生程度明显轻于上年和常年。黄河流域、长江流域和新疆部分棉区转Bt棉对棉铃虫的控制作用明显，虫量维持低水平发生，黄河流域局部及新疆部分棉区偏重发生。全国棉田累计发生和防治面积分别为204.25万hm²次和241.58万hm²次；挽回损失和实际损失分别为15.8万t和3.6万t。其中，二至五代发生面积比率分别为38.6%、39.1%、20.6%、1.7%，二至五代防治面积比率分别为39.6%、41.8%、16.6%、2.0%。各棉区田间表现为卵量高、虫量少、为害轻的特点。

各地调查平均百株累计卵量（表1），二代在黄河流域棉区较高，山东惠民超过1 500粒，巨野和商河在900粒以上，河北辛集655粒；长江流域和西北棉区较低；三代在河南最高，杞县为1 542粒，邓州621粒；四代较高的是河南和江苏，河南杞县、镇平、邓州分别为4 366粒、3 584粒、2 401粒，江苏东台和丰县为2 000粒左右。二至四代各地百株虫量多为3头以下，对棉花基本不构成威胁，仅在个别棉田虫量较高，如河北阜城、山东临清、河南淮阳等个别棉田二代百株虫量分别达12头、10头、15头；安徽太湖三代为5头；安徽含山、义安四代分别为7.5头、5.3头(表1-3)。

表1-3 各省份二至四代棉铃虫棉花百株累计卵量（粒）

省份		天津	河北	山东	山西	陕西	河南	江苏	安徽	湖北	湖南	江西	四川	甘肃	新疆	新疆兵团
二代	平均	172	254	507	43	72	137	79	35	4	14	17	12	7	17	7
	最高	335	655	1 586	73	72	449	195	165	14	45	17	12	7	200	29
三代	平均	73	102	114	45	67	329	130	40	39	85	28	24	1	9	4
	最高	73	523	268	165	67	1 542	398	159	144	301	28	24	1	78	10
四代	平均	157	114	124	88	82	1 313	1 067	281	50	29	51	12	0	40	—
	最高	157	544	346	88	82	4 366	1 980	620	112	71	51	12		108	—

1.1.2 棉蚜

全国总体为中等发生，新疆发生较重，全国累计发生211.01万hm²次，防治284.25万hm²次，挽回损失和实际损失分别为20.8万t和5.1万t。苗蚜发生111.41万hm²。

各地调查苗蚜发生情况，新疆、山西、河南、天津等地蚜量和卷叶株率较高，新疆阿克苏、轮台最高百株蚜量分别为2.3万头和1.8万头；卷叶株率新疆哈密最高达60%，新疆轮台、天津武清和宁河为30%左右。伏蚜发生99.60万hm²，以新疆发生为重，新疆阿克苏、尉犁最高蚜量分别达2.4万头、6.1万头，最高卷叶株率为20%，其他省份较低，各省棉伏蚜百株蚜量和卷叶株率（表1-4）。

表1-4 各省份棉苗蚜百株蚜量（万头）和卷叶株率（%）

时期	省份		天津	河北	山东	山西	河南	江苏	安徽	湖北	湖南	江西	四川	新疆	新疆兵团
苗期	百株蚜量	平均	1 181	583	268	882	367	218	272	31	147	62	269	1 607	78
		最高	3 423	893	1 602	1 206	942	1 251	723	101	595	142	2 159	4 636	270
	卷叶株率	平均	11	6	2	7	9	2	0	0.1	1	2	0.2	6	0.5
		最高	35	11	5	13	32	4	0	0.2	3	5	6	19	4
伏期	百株蚜量	平均	—	300	278	489	196	285	310	433	541	86	148	2 392	609
		最高	—	709	912	952	595	937	951	1 777	1 039	336	339	10 312	1 117
	卷叶株率	平均	—	1	4	3	0	0	0	2	0.8	2	0.5	4	4
		最高	—	2	11	6	0	0	0	3	1	—	35	14	6

1.1.3 棉叶螨

全国总体为偏轻发生，发生面积120.14万hm²次，防治面积161.38万hm²次，挽回损失和实际损失分别为13.7万t和4.5万t。苗期和蕾花期叶螨发生50.10万hm²。苗期，叶螨在黄河流域棉区发生突出，新疆棉区次之，长江流域棉区较轻。其中，山东潍坊和河北武邑平均百株螨量在1 500头以上，最高达3 000头。蕾花期，黄河流域棉区和新疆棉区螨量较高。平均百株螨量，山东成武平均为2 300余头，山西洪洞、新疆哈密为1 600～1 700头；最高平均百株螨量，山东成武和潍坊、新疆哈密为3 000～4 000头。花铃期叶螨发生70.04万hm²，新疆和黄河流域棉区发生螨量较高，长江流域部分棉区螨量也较前期明显上升。平均百株螨量，新疆沙湾达5 800多头，湖北荆州和山西盐湖分别为1 900头和1 200头，最高平均百株螨量，新疆沙湾和巴楚、湖北新洲分别达1.1万头、6 000头和5 000头，新疆尉犁、湖北荆州和钟祥、山西盐湖为3 000头，各省份百株螨量（表1-5）。

表1-5 各省份棉叶螨百株螨量（头）

时期	指标	河北	山东	山西	河南	安徽	湖北	湖南	江西	四川	新疆	新疆兵团
苗期	平均	591	593	90	146	22	41	32	5	45	34	13
	最高	1 346	1 458	110	427	54	128	66	15	60	369	327
蕾花期	平均	139	1 196	8 136	31	12	48	52	85	13	241	22
	最高	489	2 002	1 449	129	19	253	101	203	36	751	162
花铃期	平均	108	411	820	29	37	399	147	277	3	741	34
	最高	267	915	2 033	133	129	1 498	327	697	10	3 118	78

1.1.4 棉盲蝽

全国总体为偏轻发生，全国累计发生面积为122.39万hm²次（二至五代面积比率分别为26%、38%、29%、7%），防治面积135.32万hm²次，挽回损失和实际损失分别为6.6万t和1.2万t。高峰期调查平均百株虫量，大部棉区二至四代在5头以下，个别区域虫量较高。二代，新疆昌吉平均为36.6头、最高55头；江苏平均为11.9头，沿海局部棉田达30头；山东章丘为11头；新疆博州和湖北仙桃为7头。三代，新疆昌吉平均为28.3头，最高69头；山东章丘为20头，新疆吐鲁番、河北馆陶、湖北仙桃为10头。四代，太湖为28.7～38.7头，山东滨州和章丘、湖北仙桃、新疆喀什为15～18头。各代新被害株率多为3%～5%，个别区域稍重，如二代，山东肥城和河北霸州达23%，新疆阿克苏、湖北枣阳及山东邹平、郓城、滨州为10%～15%；三代，山西盐湖达35%，河北霸州达25%，山东章丘和滨州、湖北枣阳、山西永济为10%～20%；四代，河北馆陶、辛集和山西盐湖达50%～60%，山东滨州和章丘为25%，湖北枣阳为14%。

1.1.5 烟粉虱

全国总体为中等发生，河北和山东等地发生较重；全国累计发生46.21万hm²次，防治48.81万hm²次，挽回损失和实际损失分别为3.3万t和8 886t。河北总体中等发生，其中南部偏重至大发生，6月上旬始见成虫，始见日略早于常年，8月中旬虫量开始上升，8月下旬至9月达发生盛期，发生盛期较上年偏晚。河北威县8月30日普查，平均百株三叶虫量达1 500～2 000头，虫株率80%～90%；永年县9月6调查，百株三叶虫量8 500～9 500头，9月22日百株三叶虫量高达11 000～12 500头。山东中等发生，迁入棉田时间提早，前期虫量增长较慢，后期发展快，持续时间长，为害略重。6月上旬见虫，7月上旬至8月中旬，虫量增长缓慢，8月下旬开始，虫量增长加快，至9月上旬达到虫量高峰，一般单株虫量可达到60头左右，一直持续到9月中旬，之后虫量开始逐渐下降，并持续到9月底。江苏偏轻发生，梅雨期低温多雨，对烟粉虱前期发生抑制作用明显。据沿海棉区调查，7月中旬前均未查见成虫，是近几年发生最迟的一年，也是近10年来虫量最少的一年，7月底开始查到成虫，百株三叶虫量9.6头；随着出梅后1个月极端高温天气的出现，田间烟粉虱成虫量急剧上升，8月15～16日普查，平均百株三叶成虫156.7头，9月下旬田间虫量达到高峰期，平均百株三叶成虫462.5头，后期雨水较多，气温回落，虫量迅速下降，未造成明显为害损失。安徽8月底为虫量高峰期，百株三叶虫量一般为15～115.8头，平均为91.7头，含山虫量最高，为661.6头；有虫株率多数地区低于13%，但含山、望江、和县数量较高，分别为47.6%、35.3%、33.4%。新疆总体为偏轻发生，在吐鲁番、和田地区棉区中等、局部偏重发生；平均百株三叶虫量236头，最高420头，鄯善县有虫株率30%，平均百株三叶虫量300头；托克逊县有虫株率15%，平均百株三叶虫量21头。

1.1.6 棉蓟马

在全国各棉区均有发生，全国累计发生约50.54万hm²次，防治53.32万hm²次，挽回损失和实际损失分别为3.9万t和8 522t。河北偏重发生，重于历年，与上年相当，故城县6月初调查，发生为害严重，棉花叶片失绿发黄，有的扭曲变形，一般棉田百株三叶虫量500～3 000头，最高田块单片叶有虫36头，单株虫量最高412头；安新县6月17～20日调查，百株三叶虫量达1 960头。山东为轻发生，个别管理粗放的棉田发生略重，个别没有防治的棉田，由棉蓟马为害引起的多头棉和无头棉比例为2%～5%。新疆总体为偏轻发生，和田、阿克苏地区局部中等至偏重发生，为害略重于上年。喀什于4月18日迁入棉田，比上年早12d。全自治区棉株平均被害株率9%，最高80%。阿克苏地区无头棉和多头棉比例平均在4.2%；吐鲁番高昌区平均百株三叶虫量337头，最高500头，被害株率为3%，最高80%，百株三叶虫量显著高于上年同期。长江流域棉区各省份为轻发生。

1.1.7 红铃虫

全国累计发生7.81万hm²次，防治11.79万hm²次，挽回损失和实际损失分别为4 937t和1 091t。四川、江西、湖南、湖北、安徽和河南见虫（江苏未见），湖南局部地区发生较重，后期发生重于前期。四川射洪和简阳、湖南大通湖和安乡、江西永修和南县、湖北新洲、河南邓州见卵，一代、二代百株卵量一般在12～37粒之间；河南邓州三代卵为210粒，湖南安乡125粒，湖南南县、湖北新洲分别为32粒和43粒。累计虫害花率，湖南大通湖一、二代分别为15%和17.8%，四川简阳二代为12.3%，湖北新洲、湖南南县和安乡、四川射洪一、二代为1%～3%，其他点不到1%。三代调查，每667m²枯铃含虫量，湖北新洲、江西永修、四川简阳为15～38头，湖南安乡为2头；安徽百铃虫量调查，东至为2.7头，较近3年均值减少50%，太湖7.3头，较近3年均值增加120%。

另外，玉米螟发生30.55万hm²，棉小造桥虫、棉大造桥虫、双斑萤叶甲在各棉区少量发生，发生面积为5万～7万hm²。斜纹夜蛾在长江流域棉区普遍发生，江苏的沿海与淮北棉区局部地区中等发生，沿海棉区7月底查见，虫田率为10%，百株有虫2头，随着后期持续高温少雨，8月中旬田间虫量逐步上升，

8月下旬达发生为害高峰，百株虫量90头左右，是近年来较重的一年。在安徽，斜纹夜蛾中等发生，发生程度重于近2年，花铃期后棉田虫量明显增加，发生面积较近2年明显增加。繁昌县7月6日见虫，8月在沿江各棉区发生普遍，8月下旬调查，百株幼虫量一般为0.9～3.3头，太湖、义安为10头左右；9月上旬调查，百株幼虫量一般为0.4～4头，含山、太湖和义安分别为20头、15.3头和9.6头。

1.2 棉花病害

1.2.1 苗期病害

全国发生面积为68.38万hm²，防治73.15万hm²，挽回损失和实际损失分别为6.2万t和1.9万t。

新疆总体为中等发生，北疆塔城地区、博州、昌吉州局部棉区发生为害偏重，为近10年来最重年份。自治区各地调查，昌吉州玛纳斯县平均病田率55%，最高达75%，平均病株率48%，最高达100%；博州病田率为21.1%，病株率为7.7%～17.7%。兵团调查，病株率普遍在50%以上，大部区域死苗率为10%～20%，严重区域病株率达100%，死苗率在30%以上。阿克苏等南疆棉区苗期病害发生也较重。黄河流域棉区苗期病害偏轻发生，河北省发生程度轻于上年，以炭疽病、立枯病为主，一般病株率在10%以下，邢台、临西、故城严重发病田块为30%，临西死苗率为2%。山东省苗期病害是近5年最轻的一年，东营市平均病株率为3.8%，发生重的田块超过10%；滨州市平均病株率6.7%，最高为12%，平均死苗率1.1%，最高为3.5%；潍坊市病株率为65%，死苗率0.5%。天津轻发生，一般田块病株率0.5%，严重田块病株率1%～2%。湖北中等发生，以立枯病、猝倒病为主，全省病田率一般为8.5%～50%，潜江、荆州等地最高达100%；平均病株率5.9%，鄂州最高达70%。江苏由于前期低温阴雨天气多，苗病在部分地区发生较上年重。湖南苗期病害以立枯为主，偏轻发生。

1.2.2 铃期病害

全国发生面积为37.51万hm²，防治33.20万hm²，挽回损失和实际损失分别为2.0万t和1.8万t。全国总体为中等程度发生，冀、鲁、豫部分棉区发生较重。河北省以棉铃疫病为主，另外有软腐病、黑果病、红粉病、炭疽病、灰霉病等。7月下旬至8月上旬降雨较多，棉花铃病发生偏早，由于及时防控，得到控制，一般病株率为5%～15%，故城县重发田块达30%以上。天津中等发生，7～8月雨水较多，棉田湿度大，而且伏前桃较多，导致铃病发生程度较常年偏重，为害盛期在8月下旬至9月上旬，一般病铃率30%，最高病铃率50%。山东棉区一般从7月中旬开始进入花铃期，7月下旬个别地区开始陆续有铃期病害发生，为害盛期一般在8月下旬至9月上旬，大部棉区铃期病害发生较上年略重。菏泽8月下旬，病田率一般为25%左右，最高60%，病铃率一般4%左右，最高12%；滨州9月初调查，平均病田率20%，最高40%，平均病铃率4.8%，最高18%；潍坊7月中旬至8月上旬调查，病铃率为7%左右。长江流域棉区发生较轻，江苏发生程度轻于前几年，但少数重发田块仍减产20%以上。

1.2.3 黄萎病

全国发生面积为34.65万hm²，防治32.52万hm²，挽回损失和实际损失分别为5.0万t和2.2万t。大部棉区病情较轻，河北、山东、湖北、新疆等省份棉花多年种植田块发生较重。河北7月初始见病株，前期病情发展较慢，8月中、下旬达发病高峰，主要发生在重茬田块，一般病株率10%以下，部分田块病株率较高，如永年县病株率35%，至9月初病株率最高田块达62.5%。山东省7～8月大部棉区降雨多、田间湿度高，部分棉田有一定的发病，7月下旬至8月上旬达到发病高峰，发病地区病田率一般在3%～15%，发病田病株率一般在3%以下；发病重的地区病田率可达到25%～35%，病株率可达到15%～20%。湖北中等至偏重发生，重茬田、地势低洼田的老棉区发病重，6月开始发病，平均病田率34%，一般病株率0.2%（枣阳）～7.3%（潜江），加权平均病株率为2.0%；7月调查，平均病田率45%，一般病株率0.5%（枣阳）～8%（仙桃），加权平均病株率为3.0%，荆州、枝江、鄂州、公安县部分田块病株率达15%。新疆总体为偏轻发生，博州、哈密局部棉区中等发生，平均病田率3%，最高为10%，平均病株率1%，最高为3.5%。新疆兵团调查，黄萎病以普通症状为主，凋萎型较少，8月达到发病高峰期，病株率多在20%以下，死株率多在3%以下。江苏棉花生长后期持续高温少雨，病情轻于前几年，沿海棉区零星见病。8月8日调查，病株率为0.6%，未发现明显发病显症高峰。安徽淮北棉区萧县6月13日始见发病，蕾花期后病情迅速扩展，7月初出现发病高峰，病田率为71.4%，病株率0.1%～5.2%，平均为1.2%；7月下旬棉花进入花铃期，病情一直较轻。沿江棉区受6月中旬至7月中旬梅雨期降水量影响，多地棉田受淹，部分地势高未受淹田块7月中、下旬调查，病株率一般为1%～9.8%，平均为3.4%，仅含山县、义安区病株率较高，分别为10.1%、10.5%；8月至9月中旬，气温偏高、降水偏少，对病害发生不利，8月中旬以后病株率呈下降趋势，8月底调查，全省一般病株率为0.2%～2.7%，平均为0.5%，后期无明显发病高峰。

1.2.4 枯萎病

全国总体为偏轻发生，发生面积为33.17万hm²，防治37.17万hm²，挽回损失和实际损失分别为3.2万t和1.3万t。河北轻发生，5月底始见，6月中下旬为发生盛期，发生较重的故城县6月中旬调查，一般田块病株率在3%以下，最高田块病株率为8%。山东发生程度重于常年和上年同期，最早于5月中旬开始出现病株，6月底棉花现蕾前后进入发病高峰期，发病棉田病株率一般在2%以下。7～8月大部棉区降雨多、田间湿度偏高，利于发病，7月下旬至8月上旬达到发病高峰。据调查，发病地区高峰期病田率一般在3%～15%，病株率一般在3%以下；发病重的地区病田率达25%～35%，病株率达15%～20%。湖北中等至偏重发生，发病盛期为6月中旬至7月中旬。6月调查，平均病田率41%，一般病株率0.5%（枣阳）～8.3%（公安），公安、浠水、枝江重病田块病株率达20%；7月调查，平均病田率45%，一般病株率0.2%（枣阳）～8.3%（潜江），鄂州病株率最高为25%。江苏棉花生长后期持续高温少雨，棉花枯萎病轻于前几年。7～9月沿海棉区零星见病，8月8日病株率为0.8%。新疆轻发生，哈密、昌吉州、博州、塔城局部棉区偏轻发生，平均病田率10%，最高为36%；平均病株率3%，最高为12%。新疆生产建设兵团调查，6月上旬达到发病高峰期，大部区域病株率在10%以下，受6月上旬高温影响，棉花发育加快，枯萎病发生受到抑制。

2 原因分析

2.1 抗虫棉对棉铃虫具有明显控制作用

2016年，我国棉花种植面积约340万hm²，黄河流域和长江流域棉区抗虫棉种植面积比例在90%以上，新疆为20%以上。抗虫棉对棉铃虫的控制作用明显，导致棉田棉铃虫卵量高、幼虫量不高的现象突出，但自二代起，棉铃虫在花生、大豆、玉米和蔬菜田发生为害明显加重，种群数量明显增大，成为花生、大豆、玉米和蔬菜等作物生产上的重要问题。

2.2 棉花种植方式有利于多种病虫害发生为害

黄河流域和长江流域棉区棉花种植面积的进一步减少，棉田呈插花与其他作物间作和套种的种植方式，有利于棉盲蝽、棉铃虫、棉叶螨和烟粉虱等多种害虫在各作物田辗转为害。新疆棉区果棉套作、滴灌等栽培方式多样化，也利于棉铃虫、棉叶螨的发生。另外，各地设施栽培面积逐年扩大，增加了烟粉虱安全越冬场所，且主产棉区设施蔬菜田与棉田毗邻，利于烟粉虱就近迁入棉田，导致为害程度重。目前我国棉花已育成抗枯萎病品种且种植面积不断扩大，各棉区枯萎病为害有所控制，但缺少黄萎病抗病品种，黄萎病发生为害加重。

2.3 新疆等地气候条件利于病虫害发生

4月底至5月初，新疆北部降水偏多，遇到持续阴雨、降温天气，棉田湿度大、土壤温度低，如4月新疆北部降水量较常年偏多5成至1倍，导致北疆大部及南疆阿克苏等棉区苗期病害发生偏重，为近10年来最重年份。7月，新疆大部棉区缺水干旱严重，有利于棉叶螨、棉蚜偏重发生。7～9月，山东等黄河流域大部棉区降水较多，田间湿度偏高，对黄萎病、枯萎病和铃病等病害发生有利，导致病害发生期长、程度重。

（执笔人：姜玉英）

2016年全国马铃薯病虫害发生概况与特点分析

2016年，全国马铃薯病虫害总体中等发生，发生面积580.03万hm²，比2015年减少7.5%，其中病害发生359.61万hm²，虫害发生220.42万hm²，主要发生种类有晚疫病、早疫病、病毒病、二十八星瓢虫、蚜虫、豆芫菁和地下害虫等，各病虫发生防治情况如图1-26。

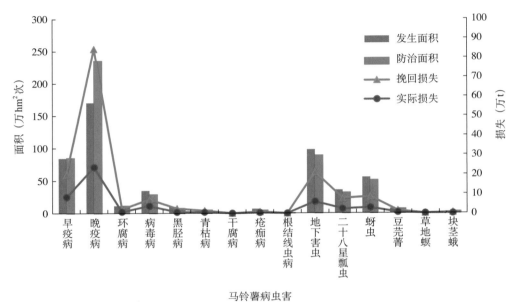

图1-26　2016年马铃薯主要病虫害发生为害情况

1　马铃薯主要病害

1.1　马铃薯晚疫病

总体中等发生，其中重庆、山西、湖北偏重发生，全国发生面积174.30万hm²，发生程度和发生面积低于2015年以及偏重发生的2012年和2013年（图1-27）。

主要发生特点：一是发生面积和程度总体轻于近年。2016年全国马铃薯晚疫病发生174.3万hm²，比2015年、2008年以来的平均值分别减少7.0%和13.8%，比偏重发生的2012年减少34.6%。总体中等发生，主要产区平均病株率一般为1%~20%，局部地区出现严重为害情况，发生程度轻于2015年和近年。二是北方主产区偏轻发生。受北方夏季异常干旱等因素影响，2016年北方马铃薯主产区甘肃、宁夏、内蒙古、陕西等12省份马铃薯晚疫病偏轻发生，发生面积67.42万hm²，比2008年以来的平均值减少39.4%，比偏重发生的2012年和2013年分别减少1.37倍、1.23倍。平均病株率一般在10%左右，显著轻于近年。三是区域间、品种间发生不平衡。由于马铃薯蕾花期南方、北方降水分布不均，北方大部分产区出现历史罕见的干旱天气，导致2016年北方产区发生偏轻，发生面积减少，而西南主产区多为山区和丘陵地区，常年降水充沛，田间湿度大，马铃薯晚疫病在重庆、贵州、云南等地偏重发生，重庆局部地区大流行。费乌瑞它、大西洋、中薯3号、宣薯3号等品种发病比较普遍，平均病株率在50%以上，最高达100%；而庄薯3号、鄂马铃薯5号等品种发病相对较轻。2016年马铃薯主产区晚疫病发生情况见表1-6。

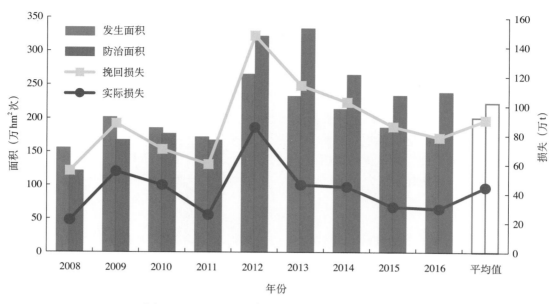

图1-27   2008—2016年马铃薯晚疫病发生防治情况

表1-6   2016年马铃薯主产区晚疫病发生情况

省份	发生程度	发生面积（万hm²）	防治面积（万hm²次）	始见期	病情	主要发生区域
吉林	3	1.69	3.0	7月上旬，接近常年	平均病株率2%，最高5%	四平、松原、延边
黑龙江	3	6.36	23.11	6月13，北林，偏早	—	齐齐哈尔、绥化、黑河、佳木斯
宁夏	2	2.9	3.29	7月13日，彭阳，偏晚	平均病株率1%，病指0.25	固原
陕西	2（3）	10.68	9.59	除榆林外，推迟2～25d	平均病株率15.6%，其中陕北9.7%～21.6%，陕南5.1%～21.3%	榆林、延安
甘肃	2	18.92	34.49	6月18日，文县，偏早	—	定西、天水、平凉、陇南、临夏
河北	3	8.33	10.71	7月11日，围场，偏晚28d	病株率2%～5%，最高达80%	张家口、承德
山西	3（4）	10.61	7.42	偏早	病株率为20%～40%	北部
内蒙古	2～3	5.48	28.5	7月4日，牙克石	平均病株率1.2%，最高11%	中部、东部
湖北	4	19.1	23.47	3月28日，来凤，偏早	病株率多为20%～50%，重发田块80%以上	西部、北部、东部，江汉平原
湖南	3	3.2	2.35	3月28日，邵阳，偏晚	平均病株率3.8%	湘西、湖北
云南	4	22.34	26.83	4月5日，永善，偏早3d	平均病株率15%，最高100%	昭通、曲靖
贵州	4	27.04	23.53	3月10日，习水，偏晚	平均病株率55%，最高100%	黔南、黔东南、安顺、贵阳、遵义
重庆	4（5）	14.84	12.31	3月20日，万州，偏早3～5d	—	全市
四川	3	11.82	16.18	3月24日，彭山，偏早10d	平均病株率冬播马铃薯18.2%，春播马铃薯13.4%	盆周山区及攀西地区

1.2 马铃薯早疫病

偏轻发生，发生面积86.35万hm²，比2015年减少6.8%，其中山西、河北、吉林等地中等发生，其他产区偏轻或轻发生。河北康保县调查，7月中旬田间发现零星病株，后期降雨偏多，温湿度条件适宜，早疫病进入盛发期，防治不及时的感病品种田间病株率可达100%。内蒙古发生7.72万hm²，一般病株率5%～30%，高的达90%以上。贵州发生11.36万hm²，主要在西部、北部等地，一般病株率15%，高的100%。宁夏总体偏轻发生，局地中等发生，全区发生面积14.68万hm²；系统观测田7月3日始见零星病叶，7月30日病株率、病情指数分别为21%、5.25，8月25日分别为40%、10.00，高峰期9月30日病株率、病情指数分别为100%和78.0，发生程度重于2014年和2015年。

1.3 马铃薯病毒病

偏轻发生，发生面积35.88万hm²，比2015年减少5.4%。近年来，随着脱毒种薯广泛种植，如抗病性强的青薯9号、庄薯3号等品种，病毒病发生面积和程度逐年下降，但少数常年种植的品种、异地引进的部分品种发生较重。内蒙古中等发生，一般发病株率10%～30%，高的达90%，主要发生在乌兰察布市、赤峰市、呼伦贝尔市、呼和浩特市。贵州发生面积10.3万hm²，在全省大部地区发生，一般病株率13%，高的达60%以上。宁夏总体偏轻发生，发病高峰期9月30日调查，病株率4%，病情指数4.0。

1.4 其他病害

偏轻发生，发生面积63.87万hm²，比2015年增加11.6%，主要有马铃薯环腐病、黑胫病、炭疽病等。其中，炭疽病在河北康保县平均病田率为47.4%，费乌瑞它、夏坡地等品种田间发病率高、流行快、危害重，已成为当地马铃薯生产上一种主要病害。黑痣病、黑胫病、枯萎病、病毒病、线虫病等在内蒙古、宁夏等地零星发生，在局部地块发生严重。

2 马铃薯主要虫害

2.1 二十八星瓢虫

偏轻发生，全国发生面积36.71万hm²，比2015年减少11.8%。其中，湖北、山西、陕西中等发生，其他产区偏轻或轻发生。山西大同、长治马铃薯田偏重发生，一代幼虫为害盛期在6月下旬至7月上旬，平均百株有成虫136.3头，最高1 300头/百株；幼虫734.8头/百株，最高2 600头/百株。大同市阳高县7月6日调查，虫田率达80%，发生田被害株率达到100%，单穴马铃薯一般有虫10～16头，最高26头，成虫3～5头，最高13头，同时有卵12～32粒。一代成虫、二代幼虫为害盛期在8月中、下旬，吕梁8月31日调查，一般百株有成虫10～20头，最高29头；山地百株有成虫3～7头。陕西发生面积6.57万hm²，主要发生在安康、汉中、榆林、延安4市，较去年减少1.26万hm²。始见期普遍推迟。除榆林始见期较去年提前3d外，其余3市均推迟5d。全省平均被害株率为12.83%，较2015年及近5年平均值分别减少9.39%、14.73%，平均百株虫量24.78头，较2015年及近5年平均值分别减少2.56%、38.87%。但宝鸡出现为害，2016年宝鸡二十八星瓢虫虽然仅发生0.08万hm²，但有虫株率60.05%，明显高于陕南陕北4市，百株虫量26.5头，也高于去年的22头和近5年平均值20.5头。

2.2 地下害虫

中等发生，全国发生面积99.96万hm²，比2014年减少5.3%，其中山西、陕西、吉林中等发生，其他产区偏轻或轻发生。由于各地大多采取起垄栽培，相比平作和畦作不利于地下害虫的发生，地下害虫相比前些年发生偏轻，河北田间虫口密度平均0.19头/m²，种薯薯块以金针虫为害重，苗期以金针虫、蛴螬为害重。

2.3　其他虫害

　　豆芫菁及其他害虫偏轻发生，全国发生83.75万hm²。豆芫菁在山西中等，局部偏重发生，全省发生面积2.54万hm²，主要发生在忻州、朔州、大同、吕梁、太原的山区和丘陵区，发生程度重于2015年同期，为害盛期7月上旬调查，平均百株虫量204.19头，最高百株5 600头。吕梁7月中旬末调查，一般单株有虫1～3头，多则20～30头，最多单株有虫56头；朔州调查，百株有虫100～200余头，最高有虫1 000余头，集中为害，以边坡区受害较重。马铃薯蚜虫在宁夏轻发生，5月31日始见，高峰期6月15日有蚜株率62.3%，百株蚜量136头。

（执笔人：黄冲）

2016年我国蝗虫发生概况与特点分析

2016年，我国蝗虫总体中等发生，发生维持平稳状态。全国发生面积293.79万hm²次，其中飞蝗发生128.57万hm²次，北方农牧交错区土蝗发生165.22万hm²。经有效防治，实现了"飞蝗不起飞成灾、土蝗不扩散危害、边境迁入蝗虫不二次起飞"的治蝗目标，全国累计防治面积144.65万hm²次，挽回损失237.3万t，实际损失138.0万t。

1 东亚飞蝗

总体偏轻发生，全国发生117.59万hm²次，防治79.16万hm²次。其中，夏蝗在环渤海湾、华北湖库、黄河滩区局部蝗区中等发生，发生63.29万hm²，防治44.32万hm²次；秋蝗总体偏轻发生，发生54.3万hm²，防治34.84万hm²次（图1-28）。

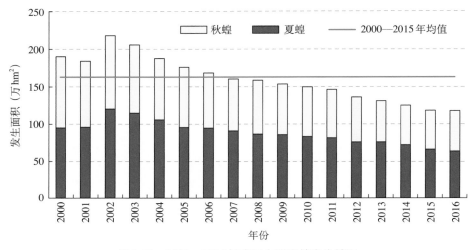

图1-28　2000—2016年我国东亚飞蝗发生情况

1.1 夏蝗

2016年东亚飞蝗夏蝗总体偏轻发生，其中天津北大港水库、河南黄河滩区、山东滨州和潍坊和河北沧州沿海局部中等发生，天津北大港水库发生0.07万hm²每平方米200头的高密度蝗蝻片区。全国发生面积63.29万hm²，防治44.32万hm²次。主要发生特点是：

1.1.1 发生基数偏低

2015年秋残蝗面积和密度低于近年平均值。秋残蝗面积54.18万hm²，分别比2014年和近5年平均值减少2.3%和7.9%；平均残蝗密度每667m² 10.7头，分别比2014年和近5年均值减少2.7%和8.5%。河南濮阳、荥阳、焦作，山东东明，河北南大港、海兴、安新、遵化，天津北大港，山西芮城、永济，陕西大荔，海南东方等地发现每亩100头以上的高密度残蝗点片，面积为0.72万hm²，比2014年增加33.3%，比近5年均值减少28.9%（图1-29）。

越冬蝗卵死亡率高于2015年和近3年均值。据主要蝗区挖卵调查，蝗卵密度平均为2.2粒/m²，越冬死亡率平均为10.5%，高于2015年的9.1%和近3年均值的7.7%。其中，山西、天津、陕西、安徽

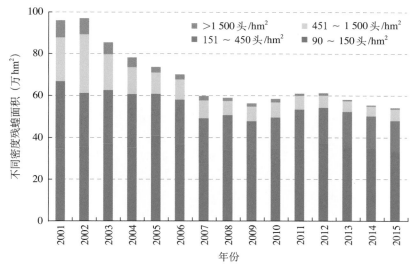

图1-29 2001—2015年东亚飞蝗秋残蝗基数情况

越冬死亡率为10.7%～23.6%，山东、河北、江苏为7.1%～8.7%，河南、辽宁分别为5.6%和2.9%，大部分蝗区比2015年增加1.5～4个百分点。陕西较2015年降低0.9个百分点，天津持平。与2013年以来的平均死亡率相比，山西、天津、安徽、江苏、辽宁、山东分别增加14.8、3.9、3.8、2.0、1.7和1.1个百分点，陕西、河北、河南降低0.4～1.2个百分点。

1.1.2 发生总体平稳，局部出现高密度点片

发生面积比2015年和近5年均值分别减少4.2%、14.6%；达标面积较2015年、近5年均值分别减少3.7%、17.5%；夏蝗主要发生区仍集中在沿海和河泛、内陆滨湖蝗区。大部分蝗区蝗蝻密度较低，个别地区出现高密度点片。各蝗区平均密度为每平方米0.43头，低于近3年的0.5头；每平方米3头以下的面积为65.57万hm²，占96.3%。天津北大港水库发生0.07万hm²每平方米200头的高密度蝗蝻片区（表1-7）。

表1-7 主要蝗区东亚飞蝗夏蝗发生防治情况

省份	发生面积（万hm²）	平均蝗蝻密度（头/m²）	出土始期	出土盛期	三龄盛期	防治面积（万hm²次）
河北	14.3	0.3	05/04	5月下旬	6月中旬	8.63
山东	23.37	0.49	04/27	5月9～25日	6月1～20日	17.83
天津	2.63	0.2	05/11	5月25日	6月10日	1.68
河南	11.71	0.49	04/24	5月上中旬	5月下旬	9.17
山西	1.07	0.2	05/03	5月下旬	6月中旬	1.17
江苏	4.42	0.53	04/30	5月15～20日	6月上、中旬	1.43
安徽	3.12	0.26	04/30	5月10～20日	6月1～10日	2.36
陕西	3.03	0.63	05/05	5月18～25日	6月7～15日	1.81
辽宁	0.16	0.13	06/12	6月15～21日	6月25日	0.1
广西	0.1	0.15	04/03	4月中旬至5月下旬	4月中旬至6月中旬	0.09
海南	0.36	0.1	02/15	—		0.05
合计	64.27	0.42				44.32

1.1.3 发生期与常年相近，发育进度不整齐

大部分蝗区蝗蝻出土始期较2015年偏迟2～7d，出土高峰期、三龄盛期与常年相近，蝗蝻发育进度不整齐，发生历期延长。

1.2 秋蝗

秋蝗总体偏轻发生，全国发生面积54.3万hm²，防治37.84万hm²次。主要发生特点如下：

1.2.1 夏残蝗基数偏低

据各蝗区统计，2016年东亚飞蝗夏残蝗面积为48.29万hm²，比2015年、近5年平均值分别减少5.1%、9.9%。其中，山西比上年减少39.3%，辽宁、广西、天津分别比2015年减少9.7%～16.3%，陕西、山东、江苏、安徽、河南比2015年减少4.1%～5.5%，河北比2015年减少1.3%。每667m² 100头以上的高密度残蝗面积为0.53万hm²，比2015年和近5年均值分别减少20.9%、39.7%，其中天津、陕西、河南、河北蝗区高密度残蝗面积为733.3～1 866.7hm²(图1-30)。

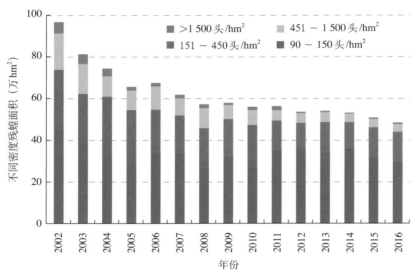

图1-30 2002—2016年东亚飞蝗夏残蝗基数情况

主要蝗区夏残蝗基数为7 243万头，比2015年和近3年平均值分别减少23.8%、25.8%。残蝗密度平均为每667m² 10.0头，低于2015年的12.5头和近3年均值的12.3头。每667m² 6～10头的残蝗面积为29.7万hm²，比2015年和近5年均值分别减少7.8%和15.1%，每667m² 100头以上的高密度残蝗面积为0.53万hm²，比2015年和近5年均值分别减少20.9%、39.7%，河北安新、霸州，天津滨海新区大港、山西芮城、陕西大荔、山东东明，河南荥阳、濮阳、灵宝、郑州市惠济区，安徽怀远和颍上、广西象州、海南东方等地有每667m² 100头以上的高密度残蝗点片，比2015年少5个县。

1.2.2 发生面积较稳定，发生程度偏轻

秋蝗发生54.3万hm²，比2015年增加4.4%，比近5年均值减少4.7%。发生面积总体比较稳定。各主要蝗区平均蝗蝻密度为0.44头/m²，江苏、安徽、山东蝗区最高密度分别为16头/m²、13头/m²、13头/m²。蝗蝻密度分布比较集中，0.2～1.0头/m²密度的发生面积占秋蝗发生面积的83.0%，10头/m²以上密度的发生面积940hm²，低于2015年，总体偏轻发生（表1-8）。

表1-8 主要蝗区东亚飞蝗秋蝗发生防治情况

省份	发生面积（万hm²）	平均蝗蝻密度（头/m²）	出土始期	出土盛期	三龄盛期	防治面积（万hm²次）
河北	11.16	0.4	07/10	7月下旬	8月上旬	6.08

（续）

省份	发生面积（万 hm²）	平均蝗蝻密度（头/m²）	出土始期	出土盛期	三龄盛期	防治面积（万 hm²次）
天津	2.58	0.23	07/13	7月28日	8月13日	1.23
山东	16.49	0.46	07/02	7月下旬	8月上、中旬	11.89
河南	10.75	0.46	07/06	7月20至8月3日	8月5～12日	8.33
山西	0.47	0.2	07/18	8月中、上旬	8月下旬	0.45
江苏	4.19	0.35	07/10	7月20～23日	8月上、中旬	1.43
安徽	2.99	0.45	07/10	7月15～20日	8月1～10日	2.2
陕西	3.05	0.66	07/23	8月2日	8月15日	1.6
辽宁	0.16	0.2	—	—	—	0.11
广西	0.59	0.24	07/19	8月底至9月中旬	9月下旬	0.55
海南	1.85	0.5	08/09	8月25日	9月10日	0.93
合计	54.72	0.43				34.8

1.2.3 发生期接近常年

大部分蝗区出土始期在7月10～15日，7月下旬出现出土高峰期，三龄盛期在8月上、中旬，发生期接近常年。

2 西藏飞蝗

总体中等发生，局部偏重发生，全国发生9.28万 hm²，防治9.21万 hm²次，与近几年基本持平（图1-31）。主要发生在四川甘孜、阿坝州，最高密度点片出现在理塘县喇嘛亚乡（表1-9）。

表1-9 2014—2016年四川甘孜西藏飞蝗发生情况

年份	发生程度	发生面积（万 hm²）	不同虫口密度（头/m²）发生面积（万 hm²）					发生密度（头/m²）	
			0.2～1.0	1.1～3.0	3.1～6.0	6.1～10	>10	平均	最高
2014	3	8.21	1.30	2.23	2.87	1.31	0.49	5.3	300
2015	3	8.07	2.50	1.70	2.26	1.21	0.40	3.1	79
2016	3	8.11	2.51	1.70	2.27	1.22	0.40	3.4	45

主要发生特点，一是发育进度偏迟。受冬季多次降温天气的不利影响，2016年西藏飞蝗出土始期为5月10日、蝗蝻高峰期为5月30日、3龄高峰期为7月10日，分别比2015年晚4d、10d和14d，比常年略偏迟。二是虫口密度较低。2016年西藏飞蝗平均每平方米3.4头，比2015年高13.3%，比近年均值低54.67%。最高密度点片每平方米45头，比2015年低43.04%，远低于2014年同期的每平方米300头。三是高密度蝗蝻发生面积较小。高密度蝗蝻发生面积仅667hm²，与2015年和2014年相当，远低于2013年的5 800hm²。

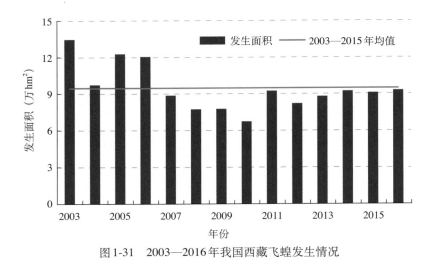

图1-31　2003—2016年我国西藏飞蝗发生情况

3　亚洲飞蝗

　　轻发生，全国发生面积1.75万hm²，较2015年减少21.4%，防治1.02万hm²次，主要发生区在新疆阿勒泰、吐鲁番、喀什等地，北疆西部边境地区未发现境外飞蝗迁入。侵入农田面积4 133.3hm²，蝗蝻平均密度0.02头/m²，农牧交错区最高密度6头/m²。4月10日东疆吐鲁番市蝗蝻始见，北疆为5月上、中旬；5月下旬至6月初蝗蝻进入出土高峰期，但密度较低，一般密度为0.01～0.3头/m²；6月下旬至7月蝗蝻进入为害盛期，7月下旬陆续进入成虫期，均为散居型成虫（表1-10）。

表1-10　新疆主要蝗区亚洲飞蝗发生情况

地　区	发生程度（级）	发生面积（hm²）	侵入农田面积（hm²）	达标面积（hm²）	不同虫口密度（头/m²）的发生面积(hm²)					平均密度（头/m²）	最高密度（头/m²）
					0.02～0.10	0.11～0.30	0.31～0.50	0.51～1.0	>1.0		
阿勒泰地区	1	3 533.3	1 333.3	53.3	3 533.3	0	0	0	0	0.01	4
吐鲁番市	1	1 066.7	1 066.7	133.3	800	66.7	0	66.7	133.3	0.02	6
塔城市	1	400	0	0	266.7	140	0	0	0	0.01	0.5
哈巴河县	1	0	33.3	466.7	20	0	0	0	0	0.03	0.1
吉木乃县	2	9 666.7	3 000	2 000	4 666.7	2 000	1 733.3	1 000	266.7	0.12	5
阿克苏地区	1	466.7	486.7	486.7	486.7	0	0	0	0	0.02	1
塔城地区	1	2 333.3	420	0	2 133.3	186.7	20	0	0	0.01	0.5
合计	—	17 466.7	6 340	3 140	11 906.7	2 393.4	1 753.3	1 066.7	400	—	—

　　主要发生特点：一是残蝗基数偏低。亚洲飞蝗2015年残蝗面积1.43万hm²，比2014年减少28.7%，比近3年均值减少43.9%，平均残蝗密度每667m² 2.8头，比2014年减少12.5%，比近3年均值减少39.4%。二是蝗蝻密度低，发生程度轻。阿勒泰、塔城等主要蝗区发生盛期蝗蝻密度较低，属轻发生年份。北疆阿勒泰地区阿勒泰市、吉木乃县农牧交错区平均密度0.02头/m²，最高4头/m²；东疆吐鲁番托克逊县平均密度0.02头/m²，最高6头/m²。北疆塔城地区塔城市、南疆喀什地区莎车县、阿克苏地区温宿县，平均密度0.01～0.3头/m²，最高密度1头/m²。我国亚洲飞蝗发生情况见图1-32。

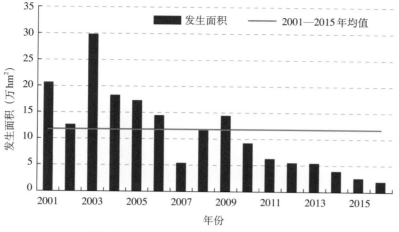

图1-32　2001—2016年我国亚洲飞蝗发生情况

4　北方农牧交错区土蝗

　　总体中等发生，全国发生面积165.22万hm²，比2015年减少15.8%，近年来发生面积逐年减少，发生总体平稳（表1-11）。主要发生特点如下：

表1-11　2016年北方农牧交错区土蝗发生情况

地　区	发生程度（级）	发生面积（万hm²）	虫口密度（头/m²）		重点发生区域
			一般	最高	
内蒙古	2	45.47	3～15	100	呼和浩特市武川县，锡林郭勒盟太仆寺旗，赤峰市北部
山西	3	22.55	5～10	35	代县，原平
河北	2	29.99	3～15	100	张家口的康保县和沽源县，承德市丰宁县、平泉县和围场县
辽宁	2	3.64			辽宁西部
吉林	2	0.63	0.2	6	白城、松原、舒兰
黑龙江	3	6.60	10	30～50	齐齐哈尔、大庆、双鸭山
陕西	2	7.06	1～7		咸阳
新疆	3	34.42	10～60	3 000	伊犁州察布查尔县、巩留县、新源县，博州温泉县
新疆兵团	2	6.04	1～3	2 000	伊犁河谷的团场

　　一是发生基数低。2015年残蝗面积149.92万hm²，比2014年、近3年均值分别减少28.3%、15.9%，平均残蝗密度每667m²701.6头，比2014年、近3年均值分别降低7.5%、47.4%。越冬卵死亡率14.5%，高于2015年和近3年平均值的9.1%和9.5%。

　　二是虫口密度偏低，局部出现较重为害。主要蝗区蝗蝻密度一般3～15头/m²，局部地区出现高密度点片。内蒙古呼和浩特市武川县、锡林郭勒盟太仆寺旗、赤峰市巴林右旗最高密度分别为80头/m²、106头/m²、100头/m²；新疆伊犁州察布查尔县农牧交错区5月6日发生意大利蝗高密度蝗蝻点片，平均密度500头/m²，最高密度3 000头/m²。博州温泉县5月22日意大利蝗蝻侵入农田为害，平均密度60头/m²，最高300头/m²，农牧交错区平均密度95头/m²，最高500头/m²。塔城地区额敏县6月14日农田土蝗迁入为害，发生面积1 666.7hm²，一般密度5～10头/m²，最高40～50头/m²。6月下旬至7月初，北疆地区气温偏高，伊犁州、博州、昌吉州、乌鲁木齐县等地农牧交错区一般密度5～15头/m²，最高200头/m²。

三是发生程度和面积呈下降趋势。2016年北方农牧交错区土蝗总体中等发生，发生面积165.22万hm²，比2015年和近5年平均值分别减少15.8%、24.3%。内蒙古偏轻发生，发生45.47万hm²，比2015年和近3年分别减少了19.1%和37.6%，发生程度和面积呈下降趋势。

四是大部分蝗区发生期推迟。河北北部农牧交错区土蝗5月开始陆续出土，康保5月2日始见出土，较历年和2015年分别推迟5d、7d，丰宁5月13日始见出土。蝗蝻出土高峰期5月下旬，三龄高峰期6月中旬，7月上旬为成虫盛期。内蒙古西部4月下旬至5月上、中旬蝗蝻相继孵化出土，5月下旬至6月上旬进入孵化盛期，较常年推迟5～10d，6月中旬，呼和浩特市、包头、乌兰察布市蝗虫进入为害盛期。陕西延安和咸阳、汉中分别于4月25日和5月4日始见出土，较去年推迟7d、1d。但新疆土蝗蝗蝻出土始期较2015年偏早，北疆主要蝗区4月中、下旬至5月初陆续出土，较2015年偏早3～5d；东疆和南疆在3月底至4月初出土，接近常年；北疆蝗蝻出土高峰期在5月中、下旬，三龄高峰期在6月15日前后，与常年相当。

（执笔人：黄冲）

全国重大病虫害趋势预报评估

2016年水稻病虫情报评估

为进一步提高水稻病虫预测预报的准确性，准确发布病虫情报，我们对2016年发布的病虫情报进行综合评估，及时总结预报发布的经验与不足，以期为今后的预测预报工作积累经验。

1　2016年水稻病虫情报发布概况

2016年共发布水稻病虫情报11期，包括预测2016年全国水稻重大病虫发生趋势、预测早稻和中晚稻病虫发生趋势的长期预报3期，早中晚稻水稻生长期间水稻病虫害发生动态的预警情报8期。具体如下：

1.1　长期预报发布概况

2016年共发布长期预报3期，包括《2016年全国水稻重大病虫发生趋势预报》《全国早稻主要病虫害发生趋势预报》《中晚稻主要病虫害发生趋势预报》，这3期预报是组织水稻主产省的测报技术人员和有关专家现场会商，并结合水稻病虫基数、栽培条件和气候条件等因素，对水稻病虫害主要病虫发生趋势做出的预报。《2016年全国水稻重大病虫发生趋势预报》预计2016年水稻病虫害将呈偏重发生态势，重于常年，发生面积1.05亿 hm² 次。其中，虫害发生面积7 200万 hm² 次，病害发生面积3 267万 hm² 次。《全国早稻主要病虫害发生趋势预报》预计早稻病虫害呈偏重以上发生态势，重于2015年，发生面积2 127万 hm² 次。其中，虫害以稻飞虱、稻纵卷叶螟和二化螟为主，发生面积1 467万 hm² 次；

病害以稻瘟病、稻纹枯病为主，发生面积660万hm²次。预计发生特点：一是稻飞虱、稻纵卷叶螟重发区域广，二化螟集中为害现象突出；二是稻瘟病、稻曲病流行风险高；三是南方水稻黑条矮缩病呈回升态势，水稻白叶枯病、细菌性基腐病局部地区偏重发生。"中晚稻主要病虫害发生趋势预报"预计中晚稻主要病虫害总体呈偏重发生态势，发生面积7 240万hm²次，比2015年增加16.1%。其中，虫害发生面积4 867万hm²次，同比增加20.8%，"两迁"害虫偏重至大发生；病害发生面积2 373万hm²次，同比增加7.4%，以稻瘟病、纹枯病为主，总体偏重流行。

1.2 预警情报发布概况

2016年在早中晚稻水稻生长期间共发布水稻病虫害发生动态的预警情报8期，其中早稻生长期间发布3期，中晚稻生长期间发布5期。

早稻生长期间，4月21日，根据早稻生长前期"两迁"害虫迁入早，稻飞虱迁入量明显高于常年的实际情况，以及4月下旬南方早稻区降水偏多的天气趋势综合预判，"两迁"害虫将大量迁入我国早稻区并发生繁殖。提醒各地提高警惕，及时开灯，加强监测，及时发布病虫情报，切实做好"两迁"害虫监测预警工作。5月30日，根据稻飞虱迁入量大、田间虫量增长迅猛、明显高于2015年同期的特点，并结合天气情况综合预判，稻飞虱在南方早稻后期发生形势不容乐观，提醒各地密切关注田间发生动态，及时发布病虫情报，适期指导农民开展防治。6月13日，根据水稻病虫在6月中、下旬进入发生防控的关键时期的关键节点，以及稻瘟病发生点多面广的实际情况，提醒各地植保部门加强监测，因地制宜，抢晴施药，切实做好早稻穗期病虫防控工作。

中晚稻生长期间，7月27日，根据各地监测，田间病虫发生发展较快，其中稻飞虱在江南、长江中下游和江淮稻区，稻纵卷叶螟在西南稻区，稻瘟病在西南、华南、长江中下游和江淮稻区重于2015年同期，据此并结合作物生育期和品种抗性及气候因素等综合预判，预计下阶段"两迁"害虫在江南和长江中下游、稻瘟病在西南中部、长江中下游和江淮稻区将呈加重发生态势。8月9日，根据稻飞虱在江南、江淮稻区，稻纵卷叶螟在西南、江南和长江中下游稻区，稻瘟病在西南、长江中下游、江淮和东北稻区重于2015年的发生实况，结合作物生育期和品种抗性及下阶段气候因素等综合预判，预计"两迁"害虫在江南和长江中下游、稻瘟病在西南东部、长江中下游和东北稻区显偏重发生态势。8月20日，根据稻飞虱短翅型成虫在华南、江南和长江中下游稻区田间增长快，稻纵卷叶螟在江南和长江中下游稻区世代重叠严重，稻瘟病在西南局部、华南和江南稻区扩展速度快的特点，结合下阶段天气趋势，预计"两迁"害虫和稻瘟病将进一步发展蔓延。9月2日，根据稻飞虱在华南、江南稻区田间增长快，稻纵卷叶螟在长江中下游稻区虫卵量高，稻瘟病和稻纹枯病在华南、江南和长江中下游稻区扩展速度快的特点，以及中稻收割后病虫转入晚稻田为害的情况，预判下阶段晚稻病虫为害加重。9月19日，据各地监测，"两迁"害虫回迁虫量大、稻瘟病和纹枯病病叶率高，且下阶段受台风"莫兰蒂"影响，田间生境利于病虫发生，提醒各地仍需密切关注病虫动态，及时发布情报，科学指导防治，确保秋粮丰收。

2 预报准确率分析评估

根据"农作物有害生物预测准确率综合评定方法"标准，综合评估预报的准确率从发生程度和发生面积两方面进行，并对导致预报偏差的原因进行分析，具体如下：

2.1 发生程度评估

根据"农作物有害生物预测准确率综合评定方法"标准，长期预报发生程度误差±1级，准确率仍为100%；误差±2级，准确率为80%；误差±3级，准确率为60%；误差±4级，准确率为40%；误差±5级，准确率为20%。以此为依据，计算2016年长期情报发生程度预报准确率（表2-1）。从发生程度预报误差来看，实际发生程度与预报发生程度相比，2016年水稻螟虫、纹枯病、稻瘟病长期预报误差为0；稻飞虱和稻纵卷叶螟这两种迁飞性害虫长期预报误差为1级。从发生程度准确率来看，根据"农作物有害生物预测准确率综合评定方法"标准，二化螟、稻纹枯病、稻瘟病准确率均为100%，稻飞虱、稻纵卷叶螟全年预测准确率为80%。

表2-1　2016年水稻病虫长期发生程度预报准确率统计表

病虫种类	全年水稻病虫发生趋势预报			早稻病虫发生趋势预报			中晚稻病虫发生趋势预报		
	预测值（级）	实际值（级）	准确率（%）	预测值（级）	实际值（级）	准确率（%）	预测值（级）	实际值（级）	准确率（%）
病虫害合计	4	3	100	4	4	100	4	3	100
稻飞虱	4～5	3	80	3～4	4	100	4	3	100
稻纵卷叶螟	4	2～3	80	3～4	2～3	100	3	2～3	100
二化螟	3	3	100	4	3～4	100	3	3	100
稻纹枯病	4～5	4	100	4～5	4	100	4～5	4	100
稻瘟病	3	3	100	3	3	100	3	2～3	100

2.2　发生面积评估

按照《农作物有害生物测报技术手册》中"农作物有害生物预测准确率综合评定方法"，以发生面积预测误差（即预测发生面积与实际发生面积的差值占预测发生面积的百分率）作为衡量标准，当长期预测的误差小于25%时，准确率为100%；误差为25%～35%时，准确率为90%；误差为35%～45%时，准确率为80%；误差为45%～55%时，准确率为70%；误差为55%～65%时，准确率为60%；误差为65%～75%时，准确率为50%……以2016年全国植保专业统计资料中水稻病虫害发生面积作为实际发生面积，计算出全年、早稻、中晚稻病虫预报的预测误差及准确率（表2-2）。从发生面积评估结果看，二化螟、稻纹枯病预报准确率均为100%；稻飞虱、稻纵卷叶螟、稻瘟病预报准确率为70%～80%。

表2-2　2016年水稻病虫长期发生面积预报准确率统计表

病虫种类	全年水稻病虫发生趋势预报				早稻病虫发生趋势预报				中晚稻病虫发生趋势预报			
	预测值（万hm²）	实际值（万hm²）	预测误差（%）	准确率（%）	预测值（万hm²）	实际值（万hm²）	预测误差（%）	准确率（%）	预测值（万hm²）	实际值（万hm²）	预测误差（%）	准确率（%）
病虫害合计	10 466.7	8 239.0	27.0	90	2 126.7	2 104.8	1.0	100	7 240.0	6 134.2	18.0	100
稻飞虱	2 866.7	2 072.6	38.3	80	546.7	608.0	10.1	100	2 066.7	1 464.6	41.1	80
稻纵卷叶螟	2 133.3	1 391.0	53.4	70	466.7	349.0	33.7	90	1 333.3	1 042.0	28.0	90
二化螟	1 866.7	1 558.5	19.8	100	386.7	363.9	6.2	100	933.3	1 194.6	21.9	100
稻纹枯病	1 800.0	1 717.0	4.8	100	506.7	462.6	9.5	100	1 333.3	1 254.4	6.3	100
稻瘟病	533.3	388.0	37.5	80	106.7	72.5	47.2	70	433.3	315.5	37.3	80

2.3　偏差原因分析

稻飞虱和稻纵卷叶螟属于迁飞性害虫，稻瘟病属于典型的气候型病害，具有暴发性和流行性，影响因素多，年度差异大，为进一步提高准确率，缩小预测误差，现针对预测准确率较低的稻飞虱、稻纵卷叶螟和稻瘟病进行原因分析，具体如下：稻飞虱迁入期早于常年，前期迁入虫量大，偏重发生，预测与实际相符，但后期受高温气候影响较大，稻飞虱发生受到抑制，程度明显减轻，造成实际比预测偏轻1级，发生范围减小。稻纵卷叶螟迁入早，前期迁入虫量少，后期迁入又较为集中，虽然导致长江中下游局部稻区偏重至大发生，但全国实际发生程度比预测发生程度偏轻1级，发生面积明显减少。稻瘟病受前期降水偏多影响，早稻田扩展速度快，叶瘟发生重，为穗颈瘟提供了充足的菌源，但受6月华南和江南的高温少雨气候影响，穗颈瘟受到抑制，导致早稻稻瘟病预测发生面积比实际面积偏多47.2%；后期受7月底至8月的持续高温晴热天气影响，中晚稻叶瘟的发展势头得到有效遏制，穗颈瘟始见迟、发展缓慢，总体偏轻至中等发生，虽然实际发生程度与预测一致，但预测发生面积比实际发生面积仍偏多37.3%。今后预测稻飞虱、稻纵卷叶螟、稻瘟病发生程度及发生面积时应充分考虑气候条件对预测结果的影响。

（执笔人：陆明红）

2016年小麦病虫害预报评估

2016年，结合小麦重大病虫害发生发展情况，全年共发布小麦重大病虫害预报5期。其中，综合性长期预报2期、病害动态及趋势预报2期、小麦赤霉病预警1期，较好地指导了病虫害防控。

1 长期预报评估

长期预报一般是根据病虫冬前基数或早春发生情况，结合小麦品种布局及长势和天气预报等因素综合考虑进行趋势预报的。2015年12月15～16日全国农业技术推广服务中心在广东省广州市召开了2016年全国农作物重大病虫害发生趋势会商会，根据与会专家会商分析结果，1月21日发布了《2016年全国小麦主要病虫害发生趋势预报》，对2016年小麦重大病虫发生趋势进行了预报。4月11～12日，为准确预报小麦中后期重大病虫害发生趋势，全国农业技术推广服务中心在河南郑州召开全国小麦中后期病虫发生趋势会商会，来自全国小麦主产省（自治区、直辖市）的测报技术人员和科研教学单位的植保、气象方面的专家，在分析病虫害发生基数、品种布局及生长情况的基础上，结合未来天气趋势等因素综合分析，预计2016年全国小麦中后期病虫总体呈重发态势，程度重于常年，接近2015年。据此，4月14日发布了《2016年全国小麦中后期病虫发生趋势预报》（表2-3）。

表2-3 2016年小麦病虫害发生面积预报准确率评估

病虫种类		全年实际发生面积（万hm²）	跨年长期预报			中后期长期预报		
			预报面积（万hm²）	误差（%）	准确率（%）	预报面积（万hm²）	误差（%）	准确率（%）
病害	赤霉病	689.6	666.7	3.32	100	733.3	6.34	100
	条锈病	157.6	246.7	56.47	60	193.3	22.64	100
	白粉病	783.6	800.0	2.09	100	740.0	5.56	100
	纹枯病	851.6	733.3	13.89	100	746.7	12.33	100
	其他病害	677.1	753.3	11.27	100	666.7	1.53	100
	小计	3 159.5	3 200.0	1.28	100	3 080.0	2.52	100
虫害	麦蚜	1 482.1	1 733.3	16.95	100	1 600.0	7.95	100
	吸浆虫	130.7	200.0	53.07	70	178.0	36.23	80
	麦蜘蛛	584.2	666.7	14.12	100	673.3	15.26	100
	地下害虫	443.8	400.0	9.88	100	366.7	17.39	100
	其他虫害	304.3	266.7	12.36	100	286.7	5.78	100
	小计	2 945.1	3 266.7	10.92	100	3 108.7	5.56	100
合计		6 104.6	6 466.7	5.93	100	6 188.7	1.38	100

从表2-3可以看出，2016年对小麦病虫害发生趋势预报准确率高，中后期预报的准确率高于全年

预测。对全部小麦病虫发生面积的预测，包括"病害小计""虫害小计"，以及"病虫合计"的预测准确性高，均达到100%，这说明对小麦病虫总体发生趋势把握是准确的。经评估，对小麦病虫发生程度的预报也是准确的，表内没有再单独赘述。

对于小麦纹枯病、蚜虫、红蜘蛛、地下害虫等以本地病虫源为主的病虫害，预报准确率达100%，说明在一般年份，以近年来发生态势为基准，结合当年病虫发生基数和气候情况的预测是相对可行的。但是在中后期预报中，要结合前期发生情况和未来的天气预报作出科学预报。

对于大区流行性病害，如小麦条锈病，全年长期预报一般是以西北秋苗主发区的菌源量，豫南、江汉麦区及西南冬繁区始见期早晚和见病范围为主要预测依据。2015年秋季，小麦条锈病秋苗发生面积小、总体病情较轻。甘肃、宁夏、青海、陕西等西北秋苗主发区发生面积14.4万hm^2，是2001年以来最小的一年，各地多以单片病叶为主，局部早播麦田发病中心多。隆冬（截至1月15日）时节，四川、云南、贵州、湖北、陕西、甘肃等省的冬繁区46个县（市、区）见病，比2015年少11个县，见病面积0.43万hm^2，比2015年增加25%。据此，在全年预报里，预报面积比实际面积偏大了。根据早春条锈病发生情况，4月中旬的预报调减了预报面积，后期由于天气条件不太利于条锈病流行扩散，最终发生面积少于预报面积。

对于气候型流行性病害，如小麦赤霉病，受气候因素影响比较大。全年预报主要根据田间菌源量、品种抗性布局以及长期天气预报，不确定性因素比较大。近年来赤霉病持续重发，依据菌源量和天气条件，认为影响条件应比2015年更有利，发生面积应高于2001—2010年均值和近5年平均值，也应高于2015年，所以预报面积在2015年的面积上提高了。从预报结果来看，较准确地预报了赤霉病的发生面积和程度，发生面积预报仅误差3.32%。4月中旬的长期预报，是根据4～5月常发区降水预报结果，认为条件更适合，所以比跨年预测调增了赤霉病流行面积，调增的方向是对的，最终赤霉病流行面积也比全年预报的面积大。从经验看，由于小麦赤霉病连年维持重发，常发区菌源量充足，病害流行范围主要取决于抽穗扬花期降水情况，降水偏多年份赤霉病一般会严重流行。

对小麦吸浆虫的预报误差比较大，准确性只有70%～80%。小麦吸浆虫自2002年发生265.5万hm^2后，近年来吸浆虫在常发期呈逐年下降的趋势，2015年降低到155.3万hm^2，大部麦区虫口密度明显下降。2015年秋季淘土调查，各地平均每小方[*]虫量在2头以下，与常年和2014年同期相比，大部麦区减少30%～60%，2016年发生面积一般应低于2015年，但仍有部分地区局部田块虫口密度较高，综合考虑各地意见，预报面积仍定为200万hm^2。春季淘土调查，各地平均每样方虫量在4头以下，大部分地区比2015年和常年减少15%～40%，北京、山东虫量较2015年有所增加。为此，在全年预报的基础上对吸浆虫发生面积进行了调减，方向是对的，但还是比较保守，预报面积偏高47万hm^2。

2 病虫发生动态及预警评估

小麦条锈病冬繁动态和未来发生趋势是东部主产麦区十分关注的信息，是东部主产麦区条锈病趋势预报的主要依据。为此，2月29日全国农业技术推广服务中心发布了《小麦条锈病冬繁动态与发展趋势》。经各地监测，截至2月24日，共有四川、云南、重庆、湖北、陕西、甘肃6省（直辖市）的43个市113个县（市、区）见病，发生面积2.55万hm^2，少于2014年和2015年同期，总体病情仅重于近5年内的2013年，维持在近5年的较低水平，但病情发展较快，发病县数量比上周增加16个，面积增加46.2%，对东部主产麦区威胁较大。上述信息对通过东部麦区了解全国冬繁区条锈病发生情况以及对其影响十分重要。预报还结合未来一月的天气预报对早春条锈病发展趋势作出了预报，指导各地开展早期防治。

围绕早春小麦病虫害发生动态，为提前指导防治工作，3月4日，全国农业技术推广服务中心发布了《早春小麦病虫害发生动态与发展趋势》，通报全国早春小麦重大病虫害发生情况，并根据3月的天

---

[*] 小方是指土样体积，长×宽×深=10cm×10cm×20cm。——编者注

气预报结果,对未来一月小麦病虫害发展趋势作出了预报。此期的预报,有力地指导了各地开展早春防治。

小麦赤霉病遇适宜气候条件,非常容易暴发为害。4月15日,结合当前田间玉米秸秆、稻茬带菌情况,特别是4～5月气候预测,对小麦赤霉病的发生趋势作了预报。这期预报维持了赤霉病将流行666.67万 hm^2 以上面积的预报,与实际发生面积689.6万 hm^2 误差3.32%,是基本吻合的,对及时开展小麦赤霉病预防发挥了很好的技术指导作用。但是赤霉病预报一直依赖于对4～5月降水的预报,如能利用现代物联网技术,通过监测,提前预报小麦扬花时间和子囊壳成熟释放子囊孢子的时间,实现更精细的预报,指导防控,则可避免大面积预防带来的"过防"问题,减少防治次数。

(执笔人:黄冲)

2016年玉米和油菜病虫害情报评估

2016年共发布玉米、油菜病虫害预报11期，其中包含黏虫发生趋势预报和发生动态情报3期。利用玉米病虫害植保统计资料，将2016年度预报情况与当年玉米病虫害发生实际情况相比较，对每期预报的发生程度、发生面积、发生期预测的准确程度按照《农作物有害生物测报技术手册》中"农作物有害生物预测准确率综合评定方法"做出评价，分析预报准确或存在偏差的原因，对做好今后的玉米病虫害测报工作、提升预报准确率有重要意义。

第5期病虫情报《2016年全国玉米重大病虫害发生趋势预报》，据全国农业技术推广服务中心会同科研、教学和推广单位专家分析预测，结合玉米病虫基数、种植制度以及气候条件综合分析，在2016年1月做出的《2016年全国玉米主要病虫害发生趋势预报》。该情报预测2016年全国玉米病虫害呈偏重发生态势，预计发生面积7 867万 hm^2 次，虫害发生5 800万 hm^2 次，病害发生2 067万 hm^2 次。实际病虫害发生6 955万 hm^2 次，虫害发生5 216万 hm^2 次，病害1 739万 hm^2 次，按照《农作物有害生物测报技术手册》中农作物有害生物预测准确率计算标准来看，总体发生面积预测准确率为100%，总体发生程度预测准确率达100%。

第8期病虫情报《早春油菜病虫害发生动态和趋势预报》，分析了主产区冬油菜当时主要病虫害发生动态，并在前期病虫害发生基数的基础上，结合3月中、下旬的天气条件，预测3月中、下旬油菜虫害将进入发生为害盛期，江南和长江中下游地区油菜菌核病、西南大部蚜虫等将偏重以上程度发生。

第9期病虫情报《2016年油菜菌核病发生趋势预报》，2016年油菜菌核病主发区菌源充足，田间子囊盘密度较高，且未来一段时间降水偏多，综合以上因素分析，预计2016年秋播油菜菌核病总体偏重发生，发生面积约313.3万 hm^2。其中，江南和长江中下游大部偏重发生，西南和黄淮地区中等发生。发病盛期，四川、云南、江西、湖南、湖北、安徽为3月下旬至4月上旬，江苏、重庆、河南和陕西南部为4月上旬至5月上旬。实际发生面积308.5万 hm^2，实际误差1.5%，短期预报准确率100%。

第17期病虫情报《小地老虎发生趋势预报》，根据2016年4月至5月中旬各地高空测报灯、虫情测报灯和性诱捕器监测，小地老虎成虫数量大部分地区高于常年。综合分析当时虫情、苗情以及未来一段时间气象条件，预计2016年小地老虎在华北、东北、西北和黄淮局部地区偏重发生，北方其他地区中等或中等以下程度发生，主要为害苗期玉米，发生面积约333.3万 hm^2，玉米上实际发生164.6万 hm^2，发生面积预测误差较大。分析原因，华北中部至黄淮北部、内蒙古中东部部分地区等地降水量偏少2～8成，部分地区偏少8成以上，对小地老虎成虫产卵、卵块孵化及出孵幼虫取食为害不利。玉米上小地老虎为害面积也会小于小地老虎总的为害面积。

第20期病虫情报《一代玉米螟发生趋势预报》，是以玉米主产区玉米螟冬后百秆活虫数作为基数，结合玉米种植和生长情况，以及6月天气条件预测等因素综合分析做出的。从实际发生情况来看，年底各省统计一代玉米螟实际发生面积之和为800万 hm^2，预报面积933.3万 hm^2，预报面积误差16.6%，准确率为80%。一代玉米螟发生范围和羽化盛期的推测也与实际情况基本吻合。

第22期病虫情报《二点委夜蛾发生趋势预报》，据黄淮海夏玉米区病虫测报网监测，今年二点委夜蛾一代成虫发生量较大，田间环境和未来气候条件有利，预计今年二点委夜蛾在黄淮海夏玉米主产区总体偏重发生，河北南部、山东南部和西南部地区可达大发生；全国发生面积为200万 hm^2，幼虫为害高峰为6月下旬至7月上旬。从全年发生实际情况看，仅为66.5万 hm^2，误差大，准确率低。虽然分析出今年一代成虫基数增大，但是对天气因素导致发生面积和危害程度下降的情况预计不足，致使发生面积准确率低。危害程度方面，2016年二点委夜蛾在河北、山东等部分地区虫量高，局部可达大发生，总体危害程度重于前三年，轻于重发的2011年，与预报做出的发生程度预测一致。

第23期病虫情报《二代黏虫发生趋势预报》，分析2016年一代黏虫在长江中下游、江淮和黄淮麦区发生面积小，经有效防治或兼治后各地残虫量普遍较低。5月下旬至6月上旬黄淮、华北、东北、西南和西北地区陆续出现一代成虫，局部始见卵，大部分地区累计诱蛾量和卵量明显低于近年同期。结合天气条件和作物种植情况，预计2016年二代黏虫总体为中等发生，在内蒙古、辽宁、河北、山东等局部降水丰沛、管理粗放地方会出现高密度田块。预计全国发生面积约为200万hm²，幼虫发生为害盛期在6月下旬至7月上旬。年底统计实际发生面积137.6万hm²，预测值与实际误差45.3%，准确率为60%，发生程度和防治适期预测与实际情况一致。

第27期病虫情报是《玉米中后期病虫害发生趋势预报》，是20个玉米主产省（自治区、直辖市）的测报技术人员和玉米产业体系专家，在总结玉米前期病虫害发生情况的基础上，根据玉米病虫害发生基数、玉米耕作栽培方式及品种布局，结合气候趋势预测等因素综合分析，对2016年玉米中后期病虫发生趋势做出了预测。预测三代玉米螟发生重于一代和二代，在山西、河南和湖北偏重发生，发生520万hm²，三代黏虫在东北、华北、黄淮、西南、西北总体偏轻发生，发生133.3万hm²，大斑病在东北大部、华北北部偏重发生，发生573.3万hm²，小斑病在黄淮、西南大部中等发生，发生320万hm²，南方锈病在黄淮海等北方地区有偏重发生的可能，发生330万hm²。实际三代玉米螟在黄淮偏重发生，发生445.5万hm²，发生程度准确率100%，发生面积准确率80%。三代黏虫总体中等发生，在黄淮海局部偏重发生，全国发生面积60万hm²，发生程度准确率80%，发生面积误差大、准确率低。大斑病总体中等发生，在东北、华北局部偏重发生，全国发生面积405.3万hm²，发生程度准确率80%，发生面积准确率60%。小斑病在黄淮局部中等发生，全国发生251万hm²，发生程度准确率100%，发生面积准确率70%。南方锈病在黄淮海大部偏轻发生，全国发生253.7万hm²，发生程度准确率60%，发生面积准确率70%。

第30期病虫情报《2016年三代黏虫发生趋势预报》，根据7月东北、华北、黄淮大部分地区出现二代黏虫成虫，华北、东北地区诱蛾量明显低于近年同期，黄淮地区大部分高于上年，结合二代黏虫幼虫发生情况和未来气象因素，预计2016年三代黏虫在总体偏轻发生，华北、东北发生程度轻于前几年，不会出现大面积暴发成灾的情况，发生面积为100万hm²，黄淮等地杂草多、地势低洼和湿度大的地块会有集中为害的可能，幼虫为害盛期在7月下旬末至8月中旬。实际三代黏虫在黄淮海局部发生严重，总体偏轻发生，华北、东北发生程度轻于前几年，发生程度和发生区域预测完全准确。但是发生面积准确率低，可能由于分析虫源基数低、8月天气不适宜导致发生面积预测出现67%的较大误差。

第31期病虫情报《三代黏虫近期发生动态》，是在三代黏虫在东北、华北和黄淮北部大部地区已进入发生盛期的关键时候发布的，自7月底开始，三代黏虫在黄淮、华北、东北地区陆续发生，总体为害程度轻于2012—2015年，但陕西渭南、西安、咸阳，河南洛阳、三门峡，山西运城，内蒙古鄂尔多斯的部分县（区）管理粗放导致杂草多的玉米和谷子田虫量高、为害重。截至8月5日，陕西、河南、山西省共发生10万hm²，以三省交界区域近0.7万hm²发生较重，个别严重田块玉米叶片被吃光成丝状。东北、华北地区大部分虫量较低，全国发生面积约为21.3万hm²。鉴于黏虫局部暴发为害特点，低龄发生不易监测，且目前各地虫龄不整齐，8月初北方一些高空灯监测点仍诱到少量黏虫成虫，依此推算，三代黏虫幼虫为害期可持续到8月中旬末。气象部门预报，未来10天，东北地区有2次过程性降雨，对三代黏虫发生为害有利。并提醒各地植保部门要继续进行大田普查，全面掌握严重发生区域，准确发布虫情动态和防治适期预报。

第35期病虫情报《近期玉米重大病虫害发生动态》，是在9月初发布的一期玉米病虫害发生动态，总结表明各类玉米病虫害总体中等发生，以玉米螟、蚜虫、大斑病、南方锈病、褐斑病等病虫发生为主。东北大部地区已过玉米螟为害期，仅有少量地块还有二代玉米螟为害，华北、黄淮各地大部分已经进入三代为害期，局部地区处于二代、三代混合为害期。除玉米螟外，其他害虫以棉铃虫、桃蛀螟、高粱条螟等玉米穗部钻蛀性害虫和蚜虫等刺吸式害虫发生为主，棉铃虫、桃蛀螟等其他穗期害虫中等发生，蚜虫在天津、河北、甘肃等地偏重发生。玉米病害总体中等发生，以大斑病、小斑病、南方锈病、弯孢叶斑病、顶腐病、纹枯病等病害为主。黄淮海地区南方锈病、顶腐病、褐斑病中等发生，局部地区偏重发生，西北地区由于干旱导致部分地区玉米干枯，玉米病害总体偏轻发生。

（执笔人：刘杰）

2016年棉花病虫害预报质量评估

2016年共发布全国棉花病虫害发生趋势预报2期，即6月9日发布的《二代棉铃虫发生趋势预报》、7月18日发布的《棉花中后期主要病虫害发生趋势预报》，预报的对象有棉铃虫（二至四代）、棉盲蝽（三至四代）、棉蚜（伏期）、棉叶螨（花铃期）、烟粉虱（花铃期）、红铃虫、黄萎病、铃病等；四代棉铃虫、四代棉盲蝽和铃病为长期预报，其他为中期预报。发生程度和发生面积平均预报准确率分别为99%和85%，各病虫预报准确率见表2-4。

表2-4 2016年棉花病虫害发生程度和发生面积预报准确率评价

病虫种类		发生程度				发生面积			
		预报值（级）	实际值（级）	误差值（级）	准确率（%）	预报值（万hm²）	实际值（万hm²）	误差率（%）	准确率（%）
棉铃虫	二代	2~3	2~3	0	100	133.33	78.84	−40.9	70
	三代	2~3	2~3	0	100	93.33	79.86	−14.4	90
	四代*	2~3	2~3	0	100	63.33	42.08	−33.6	90
棉盲蝽	三代	3(4)	2(3)	1	90	66.66	46.51	−30.2	80
	四代*	2	2	0	100	53.33	35.49	−33.5	90
棉蚜（伏期）		4(3)	4(3)	0	100	120.0	99.6	−17.0	90
棉叶螨（花铃期）		3	3	0	100	100.0	70.04	−30.0	80
烟粉虱（花铃期）		3	3(4)	0	100	66.66	46.21	−30.7	80
红铃虫		2	2	0	100	13.33	7.81	−41.4	70
黄萎病		2(3)	2(3)	0	100	33.33	34.65	4.0	100
铃病*		3	3(4)	0	100	40.0	37.51	−6.2	100
平均		—	—	—	99	—	—	—	85

*为长期预报，其他为中期预报。

从表2-4可看出，发生程度出现偏差的有棉盲蝽，相差1级；发生面积出现偏差的有二代棉铃虫和红铃虫。分析原因是有的棉花种植面积统计数据不实，黄河流域和长江流域棉区面积的缩减未在统计数据中体现出来，造成预报面积大于实际发生面积，另外是预报依据的气象条件的影响，原预报夏季长江流域、黄河流域和新疆的北部棉区降水偏多2~5成，因此会有利于棉盲蝽和病害的发生为害，而实际情况降水与预报值有一定偏差，如7月新疆南部、安徽北部等地偏少2~8成，8月长江流域和黄河流域棉区降水较常年偏少2~5成，部分地区偏少5成以上，对三代和四代棉盲蝽发生起到抑制作用，致使棉盲蝽实际发生轻于预期。

（执笔人：姜玉英）

2016年马铃薯晚疫病发生趋势预报评估

1 预报情况

1.1 2016年马铃薯晚疫病发生趋势超长期预报

2015年12月15～16日，全国农业技术推广服务中心在广东省广州市召开2016年全国农作物重大病虫害发生趋势会商会。会上，马铃薯主产区测报技术人员对2016年马铃薯晚疫病发生趋势作出了预测，预计马铃薯晚疫病在西北、华北、东北、西南产区总体中等发生，西南东部以及甘肃中南部、陕西南部、内蒙古东北部、山西北部、黑龙江中西部、湖北及湖南的西部偏重流行风险高，发生面积233.3万hm²。预报结果发布在2016年1月4日的第1期植物病虫情报《2016年全国农作物重大病虫害发生趋势预报》上。

1.2 南方春马铃薯晚疫病发生趋势预报

2016年4月20日，全国农业技术推广服务中心组织召开了南方春马铃薯晚疫病发生趋势网络会商会，南方马铃薯主产区的7个省份测报技术人员根据马铃薯品种抗性、菌源、气候条件等因素综合分析，预计南方春马铃薯晚疫病总体偏重发生，鄂西中高山、西南局部地区有大流行的风险，发生面积约82万hm²。根据此次会商结果，于4月21日发布了第13期植物病虫情报《南方春马铃薯晚疫病发生趋势预报》，对南方马铃薯晚疫病发生范围、盛期、程度等发生趋势作出了预报。

1.3 北方马铃薯晚疫病发生趋势预报

2016年7月14～15日，全国农业技术推广服务中心在陕西省西安市召开了下半年农作物重大病虫害发生趋势会商会。根据会上专家分析会商意见于7月18日发布了第29期植物病虫情报《北方马铃薯晚疫病流行趋势预报》，预计马铃薯晚疫病在我国北方大部产区总体将中等发生，黑龙江大部、内蒙古东北部、甘肃东南部、宁夏南部、河北北部、山西北部等地偏重以上流行风险高，发生面积超过100万hm²；东北主产区病害流行盛期为7月中旬至8月上旬，西北、华北主产区病害流行盛期为7月下旬至8月下旬。

2 预报评估

根据《农作物有害生物预测准确率综合评定方法》[*]，对上述3期预报的准确性进行了评估。总体来看，对马铃薯晚疫病的发生程度、发生面积预测比较准确，发生程度和发生面积的预报准确率达90%以上，但对北方马铃薯晚疫病发生面积的预报准确率为80%（表2-5）。

表2-5 2016年马铃薯晚疫病发生趋势预报评估

趋势预报	发生面积（万hm²）				发生程度（级）			
	实发面积	预报面积	误差（%）	准确率（%）	实发程度	预报程度	误差	准确率（%）
全年预报	174.3	233.3	33.8	90	3	3	0	100

* 全国农业技术推广服务中心.农作物有害生物测报技术手册.北京：中国农业出版社，2006：44-48.

（续）

趋势预报	发生面积（万hm²）				发生程度（级）			
	实发面积	预报面积	误差（%）	准确率（%）	实发程度	预报程度	误差	准确率（%）
南方	98.3	82	16.6	90	4	4	0	100
北方	76.0	100	31.6	80	3	3	0	100

3　预报分析与讨论

　　马铃薯晚疫病是一种典型的气候型流行性病害，受降水和田间湿度因素影响大，预报难度相对较大。特别是对北方主产区，气候预测的准确性直接影响北方马铃薯晚疫病发生趋势的预报。一般年份，北方气候比较干旱，不利于马铃薯晚疫病的流行危害，但是近些年来北方产区也出现了夏季降雨增多的情况，如2012年和2013年，造成北方产区马铃薯晚疫病偏重流行。对北方秋收马铃薯晚疫病的预测预报多依赖于经验预测，有时候会增加对发生面积的预报，降低了准确性，需要根据中短期天气预报和马铃薯晚疫病实时监控物联网及时进行调校。

（执笔人：黄冲）

2016年蝗虫发生趋势预报评估

1 预报发布概况

2016年共发布蝗虫发生趋势预报3期。

2016年1月4日，根据2015年12月农作物重大病虫害发生趋势会商结果，在《2016年全国农作物重大病虫害发生趋势预报》上发布了我国飞蝗的超长期发生趋势；4月12～13日，全国农业技术推广服务中心在河南省郑州市组织召开夏蝗发生趋势会商会，4月20日召开了针对其他几种蝗虫发生趋势的网络会商会，根据与会测报技术人员的会商结果，分别发布了《2016年东亚飞蝗夏蝗发生趋势预报》和《西藏飞蝗、亚洲飞蝗、北方农牧交错区土蝗发生趋势》，预报了我国蝗虫夏季发生趋势、重点区域和发生盛期；7月18日，根据在陕西省西安市召开的2016年下半年农作物重大病虫害发生趋势会商会会商结果，发布了《蝗虫夏季发生概况和秋季发生趋势预报》，总结了我国飞蝗和土蝗夏季发生特点，预测了秋季发生趋势。

2 预报评估

根据《农作物有害生物预测准确率综合评定方法》，对2016年蝗虫预报从发生面积、发生程度和发生期等方面进行预报评估。总体看，2016年准确预报了我国飞蝗和北方农牧区土蝗的发生程度、面积、区域和发生时期，对指导蝗虫防控发挥了重要作用。

蝗虫发生面积主要受残蝗面积影响，从预报结果和蝗虫发生实况看，对东亚飞蝗、西藏飞蝗的发生面积预报比较准确，预报准确率总体达90%以上，但对亚洲飞蝗和北方农牧交错区土蝗的预报面积常常偏大（表2-6）。

表2-6 2016年我国蝗虫发生趋势预报评估

蝗虫	趋势预报	发生面积（万hm²）		预报评估（%）		发生程度（级）		预报评估（级、%）	
		预测	实际	误差	准确率	预测	实际	误差	准确率
东亚飞蝗	跨年预报	133.3	117.6	13.4	100	3	3	0	100
	夏蝗预报	70.3	63.3	11.1	100	3	3	0	100
	秋蝗预报	58.7	54.3	8.1	100	3	2	1	90
西藏飞蝗	跨年预报	10.7	9.3	12.8	100	3	3	0	100
	中期预报	10	9.3	7.5	100	3	3	0	100
亚洲飞蝗	跨年预报	4	1.7	135	20	2	1	1	100
	中期预报	1.7	1.7	0	100	2	1	1	90
北方农牧交错区土蝗	中期预报	233.3	165.2	41.2	80	3	3	0	100

  北方农牧区土蝗实际发生面积偏小，主要原因可能是在统计实际发生面积时，各地对农牧交错区的范围和面积把握不一致。亚洲飞蝗的超长期预报面积与实际发生面积相差较大，可能原因在于冬季低温压低了残蝗基数。2016年，我国东亚飞蝗、西藏飞蝗和农牧交错区土蝗总体中等发生，亚洲飞蝗偏轻发生。从预报的总体情况看，对蝗虫发生程度和发生期的预报是准确的。

（执笔人：黄冲）

全年工作总结及重要的文件、简报

2016年病虫测报工作总结及2017年工作重点

2016年病虫害测报处紧紧围绕部党组和全国农业技术推广服务中心工作重点，以做好重大病虫害监测预警为基础，以推进新型测报工具研发应用和监测预警自动化为抓手，认真对照年度绩效管理指标体系，分工协作，狠抓落实，及时高效地完成了各项工作任务，为有效指导重大病虫害防控行动开展，减轻病虫灾害损失，保障农业丰收作出了重要贡献。

1 2016年重大病虫害监测预警工作成绩显著

一年来，面对农作物重大病虫害发生不断出现新情况、新问题，全国各级植保机构和广大测报技术人员进一步增强责任意识，在重大病虫害调查监测、信息报送和预报服务上做了大量工作，实现了重大病虫害监测及时、预报准确、服务高效。

1.1 重大病虫害监测预警准确及时

2016年，中心先后组织召开了小麦中后期病虫和夏蝗、早稻病虫、下半年和2107年重大病虫害发生趋势会商会4次，组织进行蝗虫夏季发生趋势、南方春马铃薯病虫害发生趋势网络会商会2次，及时发布重大病虫害发生趋势预报36期，在中央电视台一套（CCTV-1）新闻联播后天气预报节目中发布病虫警报6期，通过手机短信平台发布病虫信息25期，通过中央人民广播电台"'三农'早报"栏目发布28期。另外，各级植保机构也加大病虫害调查监测、趋势会商和预报发布力度，省级植保机构通过病虫测报专用网站发布预报信息270条，每个区域站年均发布预报信息10期左右，实现了对小麦条锈病、赤霉病，水稻迁飞性害虫，黏虫等重大病虫害的及时监测和准确预报，为指导重大病虫防控提供重要信息服务。

1.2 重大病虫害发生信息调度及时高效

2016年，全国各级植保机构按照部种植业管理司和全国农业技术推广服务中心的工作安排，及时完成小麦、油菜、水稻重大病虫和玉米螟、棉铃虫等重大病虫害发生防治信息调度工作。在关键阶段，结合重大病虫发生防控督导，及时调度重大病虫发生信息。据统计，全年省站信息报送完成率98%，县级区域站信息报送完成率85%，较以前有了很大提高，及时掌握了各地病虫害发生动态，准确地反映了重大病虫的发生和防治进展，促进了监测防控工作的开展。

1.3 新型测报工具研发应用顺利推进

为加快新型测报工具的研发和应用，逐步提高病虫测报自动化、智能化水平，全国农业技术推广服务中心组织召开了新型测报工具研发与应用推进工作会，举办了新型测报工具应用技术培训班，并安排28个省（自治区、直辖市）40多个县开展重要害虫性诱远程实时监测、病虫害实时监控物联网等新型测报工具试验示范，全面推进新型测报工具研发和示范应用工作。各省植保站也积极研发应用新型测报工具，陕西省大力示范推广小麦赤霉病预报器，四川省积极研发稻瘟病、二化螟模型预警系统。新型测报工具研发和试验、示范取得了明显进展，为加快测报工具更新换代，推进病虫测报自动化、智能化奠定了基础。在新型测报工具的研发中，有关企业积极配合，在产品开发和改进中发挥了重要作用。

1.4 病虫测报数字化监测预警系统建设成效显著

为深入推进重大病虫害数字化监测预警系统建设，增强系统功能，2016年国家系统接入了害虫性诱实时监测系统、小麦赤霉病监测预警系统和农作物病虫害实时监控物联网，升级了马铃薯晚疫病实时监测预警系统，开发了稻瘟病模型预警和水稻病虫害远程诊断功能模块，全国农作物重大病虫害数字化监测预警系统功能进一步完善定型。各省也积极推进病虫测报信息化建设，全国病虫测报信息化整体水平进一步提高。

1.5 农作物病虫测报技术培训有序开展

2016年年初，分别在南京农业大学和西南大学举办了为期21天的第38期全国农作物病虫测报技术培训班，培训基层测报技术骨干100名，系统培训病虫测报基本原理和方法等内容；为加快新型测报工具推广应用，举办了省级和基层技术人员参加的新型测报工具应用技术培训班；为提高省级测报人员的业务素质，全国农业技术推广服务中心正式启动了省级测报技术人员培训班，计划用3年时间，对省站的测报人员轮训一遍，借助科研项目，在新疆举办了棉花病虫害监控技术培训班；内蒙古、江苏、湖北、四川等省份也加强了测报技术培训。这些培训班的举办，特别是南京农业大学和西南大学测报培训班已经坚持举办了38年，对于更新基层植保技术人员知识结构、提高人员素质发挥了重要作用。

1.6 测报技术研究成绩显著

全面完成了公益性行业（农业）科研专项"盲蝽象可持续治理技术的研究与示范""二点委夜蛾、玉米螟等玉米重大害虫监测防控技术研究与示范""黏虫监控技术研究与示范"，以及"水稻重大病虫害发生气象条件监测评估和预警技术研究"的年度研究任务，为稳步提高病虫测报技术水平奠定了基础。全年共为中心获得各类科技奖励5项，其中国家科技进步二等奖1项，全国农牧渔业丰收一等奖1项，中国植保学会科技一等奖2项，二等奖1项；全处人员共获得各类科技奖励14人次，其中国家科技进步二等奖1人，全国农牧渔业丰收一等奖3人，中国植保学会科技一等奖7人次，二等奖1人次，农业部中青年优秀论文和演讲比赛三等奖各1人次。

1.7 国际合作项目进展顺利

承担中越水稻迁飞性害虫监测与治理合作项目和中韩水稻迁飞性害虫与病毒病监测合作项目，按计划完成了病虫情的联合监测、信息和技术的交流和人员的互访。全年共接待韩国来访团组3个，越南来访团组1个，接待外宾32人次；组织赴韩、赴越技术交流团组各1个，参团出访学习11人次；成功地组织召开了中韩水稻迁飞性害虫监测治理技术国际研讨会。两个项目的顺利实施，极大地促进了我国同周边国家间水稻迁飞性害虫发生信息的交换、技术交流和植保国际合作，推进了迁飞性害虫大区跨境迁飞发生规律和测报技术研究，显著提高了我国水稻迁飞性害虫监测预警的早期预见性，在指导农业生产中发挥了重要作用。

2 2017年监测预警工作重点

2017年，病虫监测预警工作要贯彻新的发展理念和农药零增长要求，紧紧围绕种植业中心工作，以提升病虫监测预警能力、提高防控指导效果、保障国家粮食安全为目标，以新型测报工具研发应用和信息化建设为抓手，做好以下七项重点工作，着力推进现代测报体系和能力建设。

2.1 严格规范，认真做好重大病虫监测预警

病虫监测预警是植保测报系统的重要职责，是所有测报技术人员的本职工作和应尽职责。为此，一是加强病虫调查，及时掌握病虫发生动态。各地要按照测报技术规范，认真开展病虫系统调查，关键生育期开展大田普查，及时了解在田作物病虫发生动态，确保田间病虫发生情况调查和灯下观测不打折扣、调查监测及时准确。二是加强信息调度，及时报送监测数据。希望各省及时督促区域站报送病虫监测数据，同时加强对区域站的监管，对连续两年不填报数据、不能胜任的区域站要坚决进行调换，今后在测报项目投资上不再安排。三是加强会商，加大预报信息发布服务力度。要充分利用现代新媒体，通过网络、彩信、微信等方式及时发布病虫预报信息，服务农业生产。

2.2 突出重点，认真做好测报工具试验示范

新型测报工具推广应用是提升病虫测报能力和水平的重要抓手。今后几年全国农业技术推广服务中心要继续将新型测报工具研发和应用作为测报工作的重点，坚持不懈推进这项工作以求不断取得进展。2017年拟通过召开新型测报工具研发与应用推进工作会、举办新型测报工具应用技术培训班，进一步总结经验、研讨推进措施、培训应用技术；要突出重点，继续安排各省组织开展害虫性诱监测工具（系统）、农作物病虫害监控物联网等新型测报工具试验示范。各省要认真组织、注重总结，加大对成熟技术和产品推广应用的力度。按照试验方案要求，认真总结新型测报工具试验工作，提交高质量的试验报告和研究论文，展示工作成果。

2.3 加强建设，稳步提高病虫测报信息化水平

这几年，在部领导的重视下，病虫测报信息化建设取得长足发展。但是，信息技术日新月异，信息化建设永远在路上。2017年，将加强全国病虫测报信息化规划，研究提出下一阶段病虫测报信息化建设方向和重点，推动信息化迈上新台阶。要深入推进省级植保信息系统建设，已经建设的省份要进一步升级完善系统功能，提高系统的利用率，充分发挥系统效能；尚未建设的省份要积极争取经费支持，发挥后发优势，博采众长，加快建设。同时要加强管理，确保信息安全。

2.4 加强培训，不断提升测报体系业务素质

2017年继续在南京农大和西南大学举办第39期测报技术培训班，同时举办第二期省级测报技术人

员监测预警技术培训班、新型测报工具应用技术培训班等。此外，利用实施科研项目的机会举办棉花、玉米病虫测报技术培训。通过培训，不断更新测报人员知识技能，提高利用现代科技服务测报工作的水平，提升测报体系整体业务素质。

2.5　加强研究，不断提高预测预报技术水平

继续组织实施好有关科研项目，组织参加项目研究的省份和基层县站相关人员，借助科研项目的实施锻炼培养人才、提升其技术和能力；充分利用现有调查监测数据，研究病虫发生规律，探索模型预警技术；开展测报技术标准简化技术研究，在满足监测预报要求的基础上，简化调查监测内容，减少调查监测频次。

2.6　加强保障，不断稳定基层测报人员队伍

近年来，随着部分地区取消公车，下地调查出现困难；加之测报工作相对比较辛苦，基层测报人员队伍不稳现象突出。要积极引导各地加强测报工作重要性的宣传，争取各级领导对病虫测报工作的支持，力争配备足额的专职测报人员；要加强技术研发，不断改善测报体系设施设备条件，减轻基层测报人员工作强度；要切实加强研究，通过争取资金支持、改善条件、提高待遇等途径，稳定测报队伍。

2.7　加强规划，努力提升植保工程建设质量

新一期的动植物保护能力提升工程经过近几年的努力即将启动实施，病虫监测方面将按照"填平补齐、聚点成网"的原则重点建设田间监测网点，提升监测工具装备水平。其中重点建设站点在更新配齐虫情测报灯、田间小气候仪、害虫性诱捕器等设备的基础上，应适当增加配备农作物病虫害远程实时监控系统，害虫性诱实时预警系统，农作物病害实时预警系统等自动化、智能化新型测报工具。各地要结合病虫监测需要，合理规划网点布局，统一设计，提高建设质量，充分发挥效能，通过植保工程进一步完善手段，提升能力。

（执笔人：刘万才）

钟天润副主任在病虫测报信息化与物联网建设研讨会上的讲话 *

同志们，这次会议的主要任务：一是总结交流病虫测报信息化和物联网建设的进展与经验；二是研讨明确病虫测报信息化和物联网建设的思路和重点；三是讨论确定推进病虫测报信息化建设的对策措施。这次会议原计划在北京召开，考虑到内蒙古自治区近年来在病虫测报信息化建设方面的进展和成绩，为提高会议质量和效果，促进各地领导不断重视植保信息化建设工作，我们最后将会议地点变更到内蒙古召开。希望与会同志在会议期间，多交流、多学习，取得预期的效果。下面结合这次会议的内容，讲几点意见。

1 近年来病虫测报信息化建设取得明显进展

近年来，在部领导的高度重视和支持下，全国及各地加大工作力度，重大病虫害监测预警数字化、信息化建设取得了明显进展。主要体现在如下方面：

1.1 农作物病虫害数字化监测预警系统平台初步建成

国家系统经过近8年的建设和稳定运行，系统构架和各项功能已基本稳定，实现了重大病虫害监测预警数据的网络化报送、自动化处理、图形化展示和可视化发布，正逐步朝着模拟预测和自动监测的方向发展，在全国病虫测报信息化建设方面起到很好的引领和示范带动作用；各省（自治区、直辖市）陆续开发建设了各具特色的病虫测报数字化系统，功能相对完善的有20个；部分技术力量较强或条件较好的地市植保站也开发建设了地市级重大病虫害数字化监控系统，县级植保信息系统在部分县市得到推广应用。全国农作物有害生物数字化监测预警信息系统平台初步形成，并实现了三个基本覆盖，即：系统内容基本覆盖主要监测对象，系统功能基本覆盖主要测报业务，系统应用基本覆盖主要病虫监测点，在全国农作物重大病虫害监测预警中发挥越来越重要的作用，已成为不可或缺的监测手段和重要的工作平台。

1.2 国家病虫测报数据库初具规模

通过统一数据格式和标准，补充录入历史数据和实时录入调查数据，国家和各省级数字化系统均积累了海量的测报数据，初步建成了国家农作物重大病虫测报数据库。据统计，全国各级系统目前共设计报表2 500多张，数据量超过360多万条，年均积累病虫测报数据50多万条。仅国家系统，目前已积累数据报表170多万张，数据2 540多万个。北京等地已完成近30年来的测报历史资料电子数据库建设。这些都为进一步开展测报技术研究，探索预报技术方法，提高预报服务水平奠定了坚实的基础。

1.3 病虫测报物联网建设有序开展

近年来，我中心及各省高度重视现代智能测报工具的研发和试验示范工作，病虫测报物联网建设有序开展。据不完全统计，目前，佳多远程实时监控系统在全国部署50多台（套），害虫性诱自动监测设备1 000多台（套），马铃薯主产区装备马铃薯晚疫病远程监测预警系统370多台（套），小麦赤霉病监测预警设备试验示范近10套。这些监测设备及其组成的物联网是未来现代测报的发展方向，随着

---

* 2016年10月13日，在呼和浩特召开的全国病虫测报信息化与物联网建设研讨会上的讲话。

信息化、自动化及物联网技术的发展，越来越多的智能监测及预警设备将快速进入测报领域，推进了病虫测报信息化进程。

2 病虫测报信息化建设的主要成效

重大病虫害数字化监测预警系统的开发建设和推广应用，彻底改变了我国农作物有害生物监控信息传统的传递方式，使测报信息的传输处理由传统的信件、邮件时代进入了网络信息时代，对推进重大病虫害监测预警与治理现代化具有重要的意义。

2.1 实现了测报数据报送网络化，加快了信息传输速度

系统的开发应用，进一步增强了全国农作物重大病虫害监测预警体系功能，基层区域站调查取得的测报数据，能够通过国家、省级系统实时上传到数据库中，简单快捷，极大地提高了工作效率。北京、内蒙古、浙江、陕西等省（自治区、直辖市）还开发了移动采集系统，采用全球定位系统（GPS）、移动手持电脑（PDA）、智能手机等设备，实现了重大病虫害发生信息的实时采集和上传。

2.2 实现了测报信息分析智能化，提升了快速反应能力

在测报数据的汇总分析上，各地在系统建设中开发了多种数据分析处理功能。各级用户可随时查询、分析、汇总各个测报站点当年及历史数据，大大提高了工作效率。在数据分析处理上，系统开发了多种智能化的数据分析、预报方法以及图形化分析处理功能，初步实现了数据分析处理的标准化和图形化，解决了测报数据利用率低、分析方法单一等问题。安徽、山西等省开发了预测模型辅助预测功能，河北、新疆、上海、四川等省（自治区、直辖市）开发了视频会商和指挥调度功能，提高了监测预警快速反应能力。

2.3 实现了预报发布方式多元化，提高了测报信息到位率

为充分利用网络、电视和手机等现代媒体，扩大预报发布途径，国家系统及新疆、广西、湖北等省级系统开发了病虫预报网络或视频发布系统，通过计算机网络，向社会公众发布预报预警信息和防控技术意见，用户可随时登陆网络系统查询和下载有关信息，进一步提高植保技术的普及率、到位率和时效性。

2.4 实现了数据库建设标准化，建成了国家病虫测报数据库

国家系统和部分省级系统，依据调查规范，统一数据格式和标准，实现了数据库建设标准化，并做到基层站点"一次填报，两级入库"，各地通过补充录入历史数据和实时录入调查数据，初步建成了国家农作物重大病虫测报数据库，为进一步开展测报技术研究，探索预报技术方法，特别是开展模型预测研究奠定了坚实的基础。

同时，在近8年的系统建设和推广应用过程中，培养和锻炼了一大批人才，测报技术人员的信息化意识和计算机网络应用能力明显提高，也为今后病虫测报信息化发展打下了很好的基础。

3 农业信息化建设面临的新形势

农业信息化作为发展现代农业的重要手段受到了高度重视，日前农业部印发的《"十三五"全国农业农村信息化发展规划》中提出"到2020年，动植物疫病防控智能化水平显著提高，适宜农业、方便农民的低成本、轻简化、"傻瓜"式信息技术得到大面积推广应用。农业物联网等信息技术应用比例达到17%"，农业信息化建设面临新的机遇和挑战。

一是整合共建、互联共享的要求越来越高。据统计，农业部共有620多个系统，但大部分系统功

能简单，共享程度不高，运行效率较低。从2016年起，农业部提出要整合各个分散的小系统，组建大系统，并从财务管理的渠道，通过整合各个分散的项目经费，设立了农业信息化建设专项，提出一个行业原则上只规划建设一个大的系统的构想。部里本级重点打造"农业部政务管理系统""农业部决策支持系统"和"农业部数据共享系统"3个平台，要求将来各专业系统都要逐步实现与这3个平台的对接，以提高数据信息的共享程度。畜牧司等司局提出了"先共享、后共建"，"先互联、后互建"的建设原则。因此，今后一些小的专业的系统建设可能必须融入到大的系统规划才能立项建设。

二是信息安全要求提高到前所未有的高度。信息安全事关国家安全。近年来，随着经济的发展，信息安全越来越受到国家公安和信息管理部门的重视。系统建设首先要树立系统安全的意识，系统上线要首先进行安全评测，实施二级或三级等级保护，还要进行系统登记备案。公安部门还将不定期地对系统安全建设进行检查，提出整改意见，对于具有严重安全漏洞的系统，会给予限期整改或者责令关闭的处理意见。2016年国家审计署对农业部进行审计时，也将信息系统安全作为一个重点。这一切都预示着，系统安全的问题越来越重要。作为农业植保机构，由于专业人员缺乏，开展系统建设面临更加严峻的挑战，必须加强调研，提出建设需求，将系统建设融入到各省的农业大系统中，统筹考虑系统安全和系统建设。

三是"互联网+"和物联网技术应用日趋广泛。近年来，信息技术的快速发展，互联网+、物联网技术已渗透到人类生活的方方面面，也为下一步重大病虫害监测预警建设指明了方向。如何借助田间实时监测设备和物联网技术，结合完善的网络系统和预测模型的开发，逐步实现重大病虫害监测预警的自动化必将成为下一步系统开发建设的重要内容。因此，下一步系统建设的重点，是必须在完善网络支撑平台的基础上，加强实时监测预警模型开发，开发建设具有测报特色的重大病虫害实时监控物联网，进一步提高重大病虫害的监测预警能力。

4 加强规划，推进病虫测报信息化建设再上新台阶

信息技术发展日新月异，病虫测报信息化建设并非一劳永逸，也要随着技术的发展不断升级。这就要求我们在提高认识的基础上，加强规划和调研，通过示范引导和推广应用，不断推进病虫测报信息化建设取得新进展、再上新台阶。

4.1 加强宣传，提高认识

推进重大病虫害监测预警信息化是提升病虫害监控能力的重要途径和手段，也是测报事业发展的必然趋势和方向。各省要提高认识，进一步加强对该项工作的宣传引导，增强推进工作的紧迫性和主动性，促进项目建设工作开展。

4.2 加强调研，明确需求

要根据当前农业信息化面临的形势，加强调查研究，采取测报管理人员、基层技术人员和系统开发人员充分沟通的方式，确定建设需求。要将建设需求认真梳理，编写成项目建设规划或者项目建设实施方案，明确建设内容和软硬件条件等，经过专家论证，形成项目申报材料，积极争取各级农业信息化建设项目立项，不断推进监测预警信息化建设再上新台阶。

4.3 加强引导，推动发展

为适应农业信息化建设的新形势，推进病虫测报信息化建设深入发展，全国农业技术推广服务中心要将重大病虫害监测预警信息化建设作为测报业务能力建设的重要抓手，认真谋划。通过编制全国农作物重大病虫害监测预警信息化建设规划（2017—2025），确定建设重点和内容；通过加强系统整体构架设计与建设工作指导、完善数据报送考核制度，以及开展工作评比等形式，加强行业引导，不断推进测报信息化建设迈上新的台阶。

4.4 加强培训，全面应用

为提高系统的应用水平，全国农业技术推广服务中心将进一步加大系统应用技术培训，每年除继续举办系统应用技术培训班外，还将举办形式多样的技术研讨、观摩交流等活动，组织大家相互研讨、相互借鉴、扬长避短，避免重复建设，提高建设水平。各地也要加大系统应用技术培训力度，根据当地重大病虫害监测预警工作需要，对相关功能模块开展有针对性的培训，切实提高系统应用水平。

我国农作物现代病虫测报建设发展报告

刘万才

（全国农业技术推广服务中心　北京，100125）

摘要：21世纪以来，全国农业部门大力推进现代植保体系建设，农作物重大病虫害监测预警顺势而为，乘势而上，抓住信息化快速发展的机遇，在自动化、智能化新型测报工具研发应用、重大病虫害监测预警信息系统建设、预报信息的发布服务方式创新和测报业务工作建设方面进行了大胆的探索，取得了比较明显的建设成果。特别是开发应用了农作物重大病虫害远程实时监控物联网，实现了对田间作物长势、害虫种类和数量、病菌孢子种类和数量，以及田间小气候情况的远程实时监测；开发了害虫性诱实时监控系统和病害实时预警系统，实现了对性诱剂敏感重要害虫和对马铃薯晚疫病、小麦赤霉病的远程实时联网监测；建成推广和应用了农作物重大病虫害数字化监测预警系统，实现了全国农作物重大病虫害监测预警信息采集规范化、报送网络化、处理自动化、预报展示图形化；创新实施电视—手机—网络—广播—明白纸"五位一体"的现代病虫预报发布新模式，极大地提高预报信息的传输速度、覆盖面和到位率；创新建立了重大病虫害监测预警年报制度，推进了测报业务规范化建设；通过大力开展测报技术交流、测报技术培训、测报技术研究和测报国际交流合作，进一步推进了现代病虫测报建设，重大病虫害监测预警能力明显提高。分析当前工作中存在的问题：一是生态绿色安全农产品生产需要精准测报作支撑，对测报工作提出了更高的要求；二是种植业结构调整，优势特色园艺作物将成为大产业，但测报知识和技术贮备不足，支撑能力不够；三是互联网＋、物联网、大数据等信息技术的发展，迫使病虫测报加快技术革新；四是气候异常和耕作制度的变化导致病虫害暴发重发频率提高，而测报体系又面临人员不足、保障不力等问题，做好监测预警工作面临前所未有的挑战。下一步推进现代测报体系建设，重点对策如下：一是加强监测站点建设，推进测报装备现代化；二是加强信息平台建设，推进测报工作信息化；三是创新预报发布方式，推进预报发布多元化；四是加强测报技术研究，推进预测方法模型化；五是简化测报调查方法，推进测报调查实用化；六是加强测报体系建设，推进测报队伍专业化。

关键词：现代病虫测报；新型测报工具；信息化；预报方式；对策措施

21世纪以来，我国农作物重大病虫害监测预警在党和政府的重视和支持下，取得了长足发展。尤其是2013年《农业部关于加快推进现代植物保护体系建设的意见》[1]文件发布以后，全国植物保护系统深入贯彻文件精神，大力推进现代植保建设，现代植保体系建设得到较快发展[2]。全国农作物重大病虫害监测预警体系顺势而为，乘势而上，抓住信息化快速发展的机遇，充分利用互联网＋、物联网等现代信息技术，在自动化、智能化新型测报工具研发应用、重大病虫害监测预警信息系统建设、预报信息的发布方式创新和测报业务建设方面进行了大胆的探索，取得了比较明显的进步。现报告如下：

1 主要工作进展

1.1 监测工具自动化研发取得重要进展

1.1.1 自动虫情测报灯等系列新型测报工具在应用中不断升级，初步完成了病虫害实时监控物联网技术改造

以佳多系列测报工具为代表，近年来，研发人员充分利用物联网技术，在原有测报工具的基础上，

图3-1 虫情测报灯工作原理图

通过升级改造，利用以视频和拍照为核心的重大病虫害实时监控物联网技术，开发了可远程自动控制的新一代测报工具[3]。一是开发了害虫发生信息自动采集系统（图3-1）。在自动虫情测报灯原有的自动定时开关、自动红外杀虫烘干、自动逐日转格等功能的基础上，进一步开发了远程自动定时拍照上传图片功能。对于有一定经验的测报人员，每天可通过检查网络系统的上传的图片，分类计数各类目标害虫的发生种类和数量，实现足不出户随时掌握各类害虫的发生动态的跨越。二是开发了病虫远程实时监控系统。通过在控制室远程操控安装在田间或者病虫观测现场的监控设备，可以实时观测到田间作物长势，甚至通过调整焦距，可以观测作物上病虫害的发生危害情况。其优点在于可以进行野外录像、摄影，为测报人员实时展现野外场景，成为测报人员的"千里眼"，尤其适宜在恶劣环境下开展监测工作。同时，也为监控各种防控行动及效果提供了便利。三是开发了病菌孢子培养远程监控系统。通过将孢子捕捉仪捕获的病菌孢子进行保湿培养，促使其萌发后，通过显微摄影，上传图片，可以及时观测田间病菌孢子的发生情况，以分析预测病害的发生趋势。四是开发了田间小气候采集系统。通过设置在田间的小气候仪，可实时自动采集和上传田间各类气象因子，在不间断地观测田间气候变化情况的基础上，也完成了农田小气候数据库的建设，为实施农作物病虫害模型预测奠定了基础。目前，该套产品已在河南、广东、甘肃、新疆等20多个省（自治区、直辖市）开展试验、示范，有望作为新一代的测报工具推广应用。该物联网系统控制平台已接入全国农作物重大病虫害监控信息系统，随着试验、示范的不断开展和产品的成熟，将在农作物重大病虫害的监测预警中发挥重要作用[4]。

1.1.2 重大害虫性诱测报工具研发解决了多项关键技术，并建成了害虫性诱实时监控系统，应用范围日趋扩大

以浙江大学杜永均研究团队、宁波纽康生物技术公司为代表，为做好重大害虫性诱实时监测，他们从害虫性诱剂提纯与合成、飞行行为与诱捕器研制、监测信息系统的构建等方面开展了系统研究，不仅性诱剂、诱捕器种类齐全，还开发了实时自动记数、数据直报的害虫性诱信息管理系统，为实施重大害虫性诱自动监测奠定了基础。一是研究明确了害虫性信息素的作用机制，解决了主要害虫性信息素分析、提纯及合成关键技术，为大量开发利用昆虫性信息素开展虫情监测和害虫防治创造了条件[5、6]。二是开发了稳定均匀释放的测报专用性诱芯、差别化的高效诱捕器和配套的应用技术，解决了害虫性信息素大面积使用的技术难题。用于害虫测报的诱芯不同于一般用于的防治诱芯，难点在于要求每日均匀释放，克服因释放量不均匀而影响监测的准确性的困难。杜永均团队基于测报诱芯性信息素均匀释放的要求，攻克了性信息素释放的缓释材料技术难题，开发了多个类型稳定、均匀释放的害虫性诱芯，解决了害虫性诱监控的技术瓶颈。通过研究害虫的飞行行为，发现不同害虫飞扑诱捕器的飞行方式不同，从而开发了"漏斗式、屋式、罐式"等差别化的高效干式（无水盆）诱捕器，解决了害虫性诱监控的技术难题。通过反复试验，明确了害虫性诱监测诱捕器在田间的安装位置、悬挂高度、安装方法等关键技术。在此基础上，制定了主要害虫性诱测报技术规范（行业标准），为大范围实施害虫性诱监控技术提供了技术支撑[7～12]。三是研究解决了害虫性诱自动计数关键技术，研发建立了害虫性诱自动监测预警平台，实现了害虫性诱自动监测预警。根据害虫的生物学特性，经过多年多次反复试验，设计诱捕器类型和自动计数方法，降低了重复计数和漏记、乱记现象。根据害虫性诱监测的特点和相关测报技术规范，研发建立了害虫性诱监测预警系统平台，实时上传诱捕器的诱虫情况，既可以对某一个观测站点的某一种或几种害虫的发生情况进行实时观测，也可以通过系统联网，对多点的同一害虫或者多种害虫进行联网实时监测管理，提高了其实用性，为

大面积推广应用创造了条件[12、13]。四是研发了多套诱捕器组合使用技术。一般情况下，1个诱捕器只安装1种诱芯，只能诱测1种害虫。对于同一个观测场点需要观测多个害虫对象的实际需求，杜永均团队研究开发了多套诱捕器组合使用技术，采用1个网关，最多可以带8个诱捕器，可以根据观测场监测对象的多少，选择诱捕器的种类和数量，较好地解决了1个观测场点多种害虫的观测问题。不仅提高了设备的实用性，也降低了设备的使用成本。北京依科曼生物技术公司以性诱芯为核心，也研发推出了害虫（性诱）远程实时监测系统，在害虫的自动计数和信息平台建设方面也取得了明显进展，技术逐步应用，在各地示范推广[14]。2016年，全国农业技术推广服务中心在统一建设标准的基础上，已将害虫性诱实时监控系统正式接入全国农作物重大病虫害监控信息系统，开始利用害虫性诱实时监测系统开展全国重大害虫的联网监测，以促进这项技术应用。

图3-2　新型害虫性诱捕器示意图

1.1.3　重大病害实时监测预警工具在病害预测模型研究的基础上，通过开发预测因子实时采集设备，研发建立了病害实时预警系统，部分产品已投入大范围实际应用

一是马铃薯晚疫病实时预警工具已广泛应用。在农作物病害的实时预警方面，最早开展试验、示范和推广应用的为马铃薯晚疫病实时预警系统。该设备利用比利时艾诺省农业应用研究中心研制的马铃薯晚疫病预测模型（CARAH），通过安装在田间的小气候仪实时采集温度、湿度、降水量、光照强度等气象因子数据，自动上传到气象因子数据库，在实现对农田气象信息实时自动监测的基础上，利用所采集的气候因子和预测模型进行拟合，开发了马铃薯晚疫病实时预警系统，实现了对马铃薯晚疫病田间发病情况的实时监测和自动预警，通过近10年的实践、验证和开发，在全国马铃薯主产区病害测报中得到了较大范围的推广应用。从2014年起，全国农业技术推广服务中心开发建成了中国马铃薯晚疫病实时监测预警系统，截至2016年年底，已将安装在全国12个省、自治区、直辖市的400多台用于马铃薯晚疫病监测的田间气候仪进行了联网，不仅可以对每个监测站点病害的发生情况进行实时监测，及时预警和指导防治，而且实现了全国马铃薯晚疫病联网实时监测预警，病害监测预警的自动化、智能化程度明显提高[15~17]。二是小麦赤霉病预报器已开始进入示范推广阶段。西北农林科技大学胡小平、商鸿生研究团队经过30多年的系统研究，对陕西关中地区小麦赤霉病的发病机理和流行规律取得了突破性的研究进展，从而构建了小麦赤霉病实时监测预测模型，不仅可以实时监测赤霉病的发病情况，而且可以在提前7天预测病害发生趋势的前提下，对病害发生进行滚动预测，不断校正预测结果，对于指导病害精准预防具有重要意义。在此基础上，该团队开发了实时采集田间气候因子的专用设备，并辅助输入田间玉米、水稻秸秆及其带菌量和成熟度等预测因子，实现了对小麦赤霉病的实时监测预警[18]。2015年，陕西省植保总站开始组织试验，2016年，全国农业技术推广服务中心组织在陕西、江苏、四川等省20多县（市、区）大范围开展试验、示范和推广工作，并构建了小麦赤霉病远程实时预警系统，进一步实现了对全国小麦赤霉病的联网实时监测和预警，随着该设备的推广应用和全国小麦赤霉病实时预警系统的升级完善，必将成为农作物病害自动监测预警的又一成功范例（图3-3）。三是主要病虫害预测模型和自动监测工具研发呈现加快趋势。借鉴马铃薯晚疫病实时预警系统、小麦赤霉病预报器等产品成功开发和应用的经验，以及近年来物联网技术提供的科技支撑，西北农林科技大学胡小平团队还开发了小麦白粉病实时预警系统，并已装机运行；四川省农业厅植保站与北京金禾天成科技有限公司合作，初步开发了水稻二化螟、稻瘟病等病虫害实时监测预警系统，并设计试制了预警系统样机，待模型校正准确后，有望进入试验、示范和推广应用，为实施农作物病虫害自动化监测预警探索了新的思路。

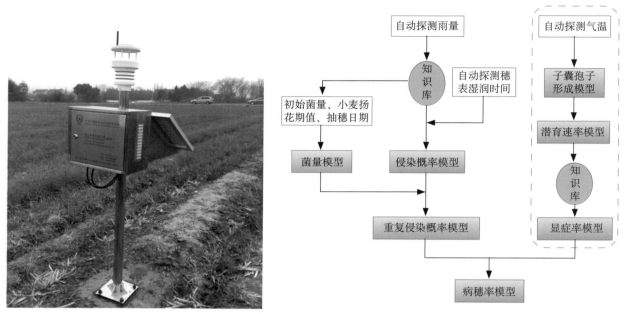

图 3-3　小麦赤霉病预报器及预警系统工作流程图
左：预报器实物图；右：预警系统工作流程

1.1.4　各类移动采集自动计数设备不断开发，实用性逐步提高，有望在田间数据采集中推广应用

　　为提高田间病虫数据采集和传输效率，各级植保机构与有关专家通过和企业开展合作，针对不同的测报对象，开发了多种田间病虫发生数据移动采集设备，在测报调查中试用，取得了一定的进展。一是田间病虫数据填报设备。为提高病虫测报调查数据的传输速度和工作效率，北京金禾天成科技公司、内蒙古通辽市绿云信息有限公司基于国家和各地测报数据报送的需要，利用多款手机等移动端，开发了病虫测报田间数据采集设备，通过在田间操作系统，监测调查数据可直接上报到各省和国家测报信息系统，已在北京、山西、内蒙古、广西等省份推广应用。二是移动端信息采集设备。黑龙江省植保站以GPS为载体，开发了稻瘟病田间病情实时监测网络设备，测报人员在田间取得的调查数据以及行走的轨迹可实时上传到网络系统，而且只有在田间才能上报数据，防止了个别测报人员不负责任的估计填报，提高了调查的准确率，已在黑龙江全省投入应用。三是小虫体拍照计数设备。北京天创金农公司开发的小虫体自动计数系统，可在使用手机等设备拍照的前提下，自动识别计数照片上单片病叶或者茎叶上的虫口数量。该系统可在GPS、智能手机、平板电脑等移动终端上运行，这项技术如进一步成熟，也可在一定程度上减轻测报调查工作强度。四是害虫透视检查设备。北京依科曼公司开发的农用透视仪，可对稻桩和储藏期玉米秸秆等干枯植株残体中水稻螟虫、玉米螟等虫体的检测，节省了测报人员用手剥秸秆调查虫口数量的辛劳，测报调查工作效率也大为提高。

1.2　病虫测报信息化建设水平明显提高

　　自2009年开始，在农业部领导的高度重视和大力推动下，全国农业技术推广服务中心采用"总体规划、分步实施"的思路，逐步开发建成了农作物重大病虫害数字化监测预警系统，全国20多个省份相继开发建设了各具特色的病虫测报信息系统，初步实现了重大病虫害监测预警数据的网络化报送、自动化处理、图形化展示和可视化发布，全国农作物病虫测报信息化建设快速发展[19~25]。

1.2.1　国家农作物重大病虫害数字化监测预警系统经过持续建设，建立了完善的数据上报、信息处理、图形分析、信息发布、监测咨询等功能，已不间断运行超过7年，在重大病虫害监测预警中发挥了重要作用

　　（1）测报数据上报。围绕全国农作物重大病虫害监测信息报送工作需要，农作物重大病虫害数字化监测预警系统开发了网络计算机终端填报和手机移动端填报相结合的方式，开发完成了水稻、小麦、玉米、棉花、油菜等作物重大病虫害，以及蝗虫、黏虫、草地螟和全国重大病虫害发生和防治信息周报等共151张数据上报表格，填报数据项6 000多项，实现了测报数据自动入库和自动汇总分析，使全国病虫测报信息的报送进入了网络信息时代，实现了由传统的电报、电话、电子邮件传递向网络化和自动化的转变，极大地提高了测报信息传输的时效性，提高了病虫测报的快速反应能力。

（2）数据分析处理。在实现重大病虫害测报数据网络报送、自动入库和查询汇总的基础上，系统开发了多种数据分析功能。一是统计分析功能。可对全国及各省各项监测数据进行统计分析比较，以判断其发生状况。二是专题图分析。依据病虫害发生规律，对原始调查数据进行梳理，对18种病虫害设计开发了64个病虫害分析专题图，主要采用图表、地理信息，以及图表与地理信息结合等方式对专题数据进行分析展现。三是针对不同作物在全国范围内划定了主要种植区。把各级测报站上报的灯下监测和田间病虫发生等原始数据结合调查点的经纬度坐标，采用地理信息系统（GIS）或Flex等技术手段来进行插值数据展现。专题图和地理信息系统为专业数据的分析结果提供了直观的展示平台，为领导决策以及专业信息的发布提供了支撑。

（3）图形化展示预警。在地理信息系统（GIS）功能的基础上，开发了监测数据实时分析、定制专题图分析、病虫发生动态插值分析、病虫发生动态推演和迁飞性害虫迁飞路径分析等功能。如开发使用GIS插值分析功能，使每个重大病虫害的发生数据能够在地理空间上表现出发生分布的地理范围，实现了对全国某个重大病虫害分布的直观展示；开发了病虫发生动态推演功能，能够动态展示一段时间内某种病虫害随着时间的变化发生的地理空间的变化和趋势，对重大病虫害的蔓延扩展过程进行动态展示，提高了重大病虫害发生情况展示的直观性。

（4）监测防控咨询。为提高对基层植保机构和农技推广服务组织的业务指导能力，系统开发建设了农作物病虫害专家知识库及农业专家网络咨询平台。专家知识库收录了主要病虫害的危害症状、发生分布、防治方法及相关照片等数据，并支持全文检索、关键字检索、搜索排名等功能。在建立农作物病虫害专家知识库的基础上，开发建设了农业专家网络咨询平台和远程诊断平台，提供专家在线咨询、专家离线留言和植保人员互动交流等各项功能，既可方便体系内人员的知识共享、信息交流，也可采用系统对普通农户进行病虫害防治知识普及、防治作业科学指导等工作，普通农户可以通过平台与农业专家进行病虫害远程诊断识别，提高上级用户对重大病虫害防控决策的技术水平。

（5）业务考核管理。为加强对各级植保测报机构的业务管理，系统开发了多种业务数据的管理功能，为确保数据上报的及时性、完整性提供了足够的技术支撑。为克服许多项目建设中存在的"重建设轻使用"的问题，防止出现"项目一通过验收就死"现象的发生，本系统建设紧紧围绕生产实际和工作需要，尤其是对有关重大病虫害测报数据的报送采取了个性化管理的方法。每个基层站承担的报送任务（包括时间、内容等）明确到站，同时系统提供"报送提醒"功能，到报送时系统自动提供报送内容和时间，该报送的任务自动推送到系统主界面，督促基层机构按时完成调查和填报任务；对于每个基层站的所有报送情况，系统提供随时统计功能，每一个站工作的完成情况和迟报、漏报情况可自动进行统计，作为有关基层植保机构考核的依据。

1.2.2 各省农作物重大病虫害监测预警信息系统建设同步推进，功能各具特色，部分省级系统实现了与国家系统互联，监测预警网络体系初具规模，在促进数据共享，推进重大病虫监测预警信息化建设方面功不可没

（1）各地信息系统建设的基本概况。据调查，截至2016年12月，全国各省（自治区、直辖市）和新疆生产建设兵团共有27个省级单位开发建设了各具特色的重大病虫害监测预警信息系统。内蒙古自治区各盟市，浙江温州等技术力量较强或条件较好的地（市）植保站还开发建设了地（市）级重大病虫害数字化监控系统。概括起来，各地测报信息系统建设主要有如下进展：一是建设内容基本覆盖主要监测对象。据统计，各地病虫测报信息系统应用对象覆盖主要粮食和棉、油、糖等经济作物以及果、菜、茶等园艺作物病虫害近百种，超过各地监测对象的85%，上海、江苏等省（直辖市）实现了监测对象全覆盖。二是系统功能基本覆盖主要测报业务。各地重大病虫害数字化监测预警系统开发了测报信息上报、数据智能分析、预报信息发布、监测站点管理、内部网络办公等功能。三是系统应用

基本覆盖全部病虫监测站点。据调查，国家系统平台及20多个省级系统已在1 340多个病虫测报区域站（监测点）推广使用，测报站点覆盖率达85%以上，江苏、安徽等省数字化系统实现了全覆盖。四是系统类型既有侧重又有创新。总体上，北京、天津、山西、内蒙古、吉林、上海、江苏、浙江、福建、山东、河南、湖南、广西、四川、贵州、云南、陕西等省（直辖市、自治区）开发的信息系统与国家系统相近，以监测数据的传输和分析处理为主，新疆、河北和安徽等省（自治区）特色较为明显，其网络会商、调度指挥和模拟预测功能较强[21]。

（2）新疆农业有害生物远程预警防控指挥系统。新疆维吾尔自治区植物保护站2016年建成了新疆农业有害生物远程预警防控指挥系统，目前包括1个农业有害生物远程预警防控指挥中心和20个远程预警指挥控制终端站，覆盖全疆10个地（州）的20个县（市）。该系统通过基于宽带网络的新疆农业有害生物远程预警指挥平台，实现了病虫远程监控、防控指挥与灾害诊断。在关键生产季节和主要病虫害高发期，各远程预警指挥控制终端站对重点区域的病虫发生动态进行监控、巡查，将病虫实况以高清视频形式全方位现场采集与实时传输到指挥中心。指挥中心通过远程实时监控，随时掌握主要作物、关键环节的病虫发生动态与防控情况，对监测任务和应急防控进行实时指挥调度。针对新发、突发病虫灾害，可邀请专家在指挥中心实时开展远程诊断，当某地病虫害流行、暴发时，可组织召开远程视频会议。指挥中心可在第一时间迅速调取现场监控画面，了解受灾情况。异地的专家、领导可通过WEB方式远程登录系统，随时随地获取远程终端画面并给出指导意见，通过网络实现了多级监控、管理。该系统的主要特点：区别于传统固线监控手段接入，远程控制终端作为可移动的监控站，可实现多方位、多元化、无盲点的全方位病虫监控，具有轻巧便携、机动灵活、响应迅速等特点（图3-4、图3-5）。

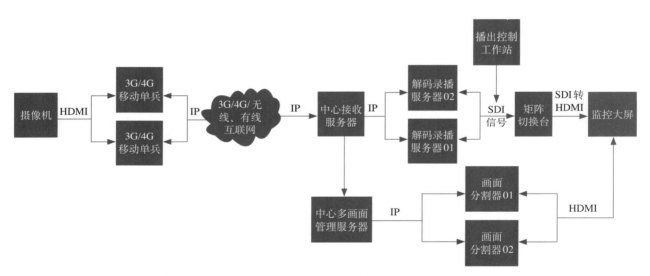

图3-4　新疆农业有害生物远程预警防控指挥系统逻辑结构图

（3）河北省网络会商系统。河北省植保植检站为强化植保信息化建设，2013年专门成立综合信息科，努力提升智能化、信息化和可视化水平，强力推进工作开展，建设了河北植保信息网、植物网络医院、植保综合办公系统和重大农业有害生物远程预警与应急防控系统。作为四大系统的核心，网络会商平台以其出色的实时远程视频交流功能，成为一个全面、专业、快捷的，集业务会商、工作调度与技术服务于一体的植保网络平台。

该平台可容纳48位用户同时视频在线，音频交流，还具有以下五大功能：一是文字交流。与会者可通过文字方式进行自由交谈和讨论。二是文件共享与分发。会议用户可以向某个或所有与会者发送自己计算机上的文件，并可在平台界面上演示、共享PPT、WORD、EXCEL等各类文档。三是电子白板。允许会议用户在公用的电子白板程序上绘制图形并键入文本，支持从其他程序进行图片和文字的复制粘贴，特别适用于对某个问题进行现场示例或画图说明。四是会议录制。参加会议的用户可同步

图3-5　新疆农业有害生物远程预警防控指挥中心各终端实时田间调查监测画面

录制全部会议内容，包括多路声音、视频图像、数据共享等，便于存档或回放；通过IE浏览器即可在线播放或离线播放，视频可单独放大，文字消息可以粘贴、复制。五是会议管理。系统具有功能完善的会议管理功能，会议管理员可对会议进行灵活有效的调节、控制和管理（图3-6）。

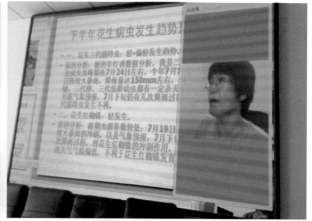

图3-6　河北省召开病虫害发生趋势网络会商会现场发言报告画面

　　在实际应用过程中，该平台凸显了五大优越性。一是方便。可随时召集监测人员进行实时会商，尤其对于突发暴发需及时预警的病虫害，可进一步提高病虫预警预报的时效性。二是经济。网络会商不仅效率更高，也减少了组织会议所需费用和路途时间，省时省力省钱。三是可靠。网络会商具有一方发言、演示，多方文字交流的功能，文字、视频等均可记录备份，方便查询、查证，以避免后期整理过程中出现谬误。四是立体。可多设备联合作战，河北省在实践中通常是省站会议室LED大屏、投影、台式机、笔记本电脑等联合工作，会商过程中实时的视频、WORD文档、PPT幻灯片与即时文字通讯等多手段一并展现。五是及时。网络会商是河北省植保机构应对突发灾情采取的应急手段，在2016年7·19特大水灾的非常时期发挥了至关重要的作用。因与2012年7·21特大暴雨相似，各级领导担心三代黏虫会像2012年一样大暴发。经及时会商分析，做出了三代黏虫轻发生的科学预报，在抗洪救灾的关键时期，给各级领导和社会各界吃了一个定心丸。同时，专家团队接受并解决各类实时咨询13 000余人次，涉及玉米、棉花、蔬菜、中药材、花卉、林果等多种作物的疑难杂症，受到了用户的欢迎和好评。

　　（4）安徽省模拟模型预测系统。安徽省农作物病虫监测预警系统的主要特点是建立了多种模型预测分析系统。如针对小麦赤霉病、白粉病的模拟预测，系统在完成基础数据库的构建和数据处理的基础上，结合智能计算，构建了多种基于先进知识的小麦赤霉病预测系统，实现了安徽省不同种植生态区病害发生的动态预测，在全国农作物病虫害信息系统建设中独具特色。

①网络会商（GAHP）。按照病虫测报会商流程，采用定性与定量相结合方法，构建了基于GAHP的网络群体会商预测系统，实现了省、市、县三级植保专家理论知识与实践经验汇聚的网络会商预测功能。该会商预测平台采用背靠背网络运行方式，排除了现场会商权威人员的影响，经符合度检验，效果良好（图3-7）。该系统又包括预测决策、知识浏览、系统管理维护3个模块：

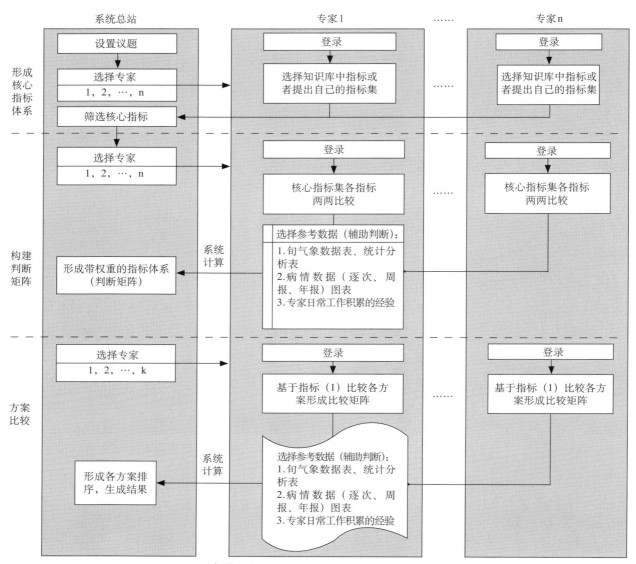

图3-7 安徽省农作物病虫发生趋势网络会商工作流程图

一是预测决策模块。根据实际会商模式，加入定性分析和定量计算的GAHP算法，共同实现预测决策功能。包括"网络会商议题""影响因子选择""预测方案比较"和"预测结果展示"4个功能。这4个子模块实现了预测指标的收集和筛选、基于群组层次分析法的权重计算、数据的预处理、预测结果展示等主要功能，是整个系统的核心模块。

二是知识浏览模块。该模块集中了大量的知识，提供知识服务，包含"病害理论知识""预测模型知识""病情知识""各地区气象知识"4个功能。用户在会商预测过程中可以通过浏览器浏览相关知识，也可以在各知识模块中根据需求通过关键字对知识对象进行查询与检索。

三是系统管理维护模块。该模块实现了对管理员信息、专家信息、会商信息、字典信息、文档信息和日志信息的添加、修改与删除等操作，其中会商信息还包括了议题中所需要多次使用的短信发送功能和用户人员参与会商预测时所提交数据的查询、计算以及结果排序等操作。

②气象相似年分析（CBR）。结合智能计算、机器学习理论提出相似年匹配的案例学习策略，构建了基于先验知识的农作物病虫气象相似年分析预测系统，优化了主要病虫的预测参数。预测过程中，采用滑动窗口分段匹配和预设模式匹配方法，拓展了预报数据和历史已知数据匹配利用，延伸了数据的时间链，获得了相对较高的可信度和执行效率，实现了病虫分区、动态滚动预测。经回检，该系统短期和中期预测准确率稳定在80%以上，比经验预测提高5%以上（图3-8）。

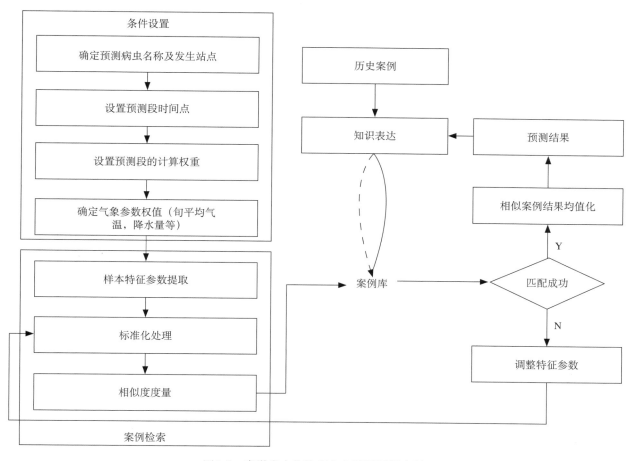

图3-8 安徽省农作物病虫害模型预测流程

③综合分析预测。对安徽省各市、县多年病虫会商研讨形成的理论和实践经验进行整理和总结，针对每一种病虫分别制定了一组对应的发生经验预测参数，形成病虫发生经验预测计算模式，领域专家根据经验对病虫发生影响因素进行参数化和赋权值，由计算机计算得到病虫发生风险提示结论。该预测系统将智能计算与专家经验预测相互融合，提高了病虫预测的实用性和灵活性。

④大数据分析预测。采用powerbuilder进行程序开发，SQL sever建立数据库，可视化工具ECharts和Teechart丰富图表类型，建立了大数据分析预测系统。用户可根据具体病虫数据分析的需要，自主选择筛选条件并能灵活设置其他选项，动态地生成可视化结果，大大提升了病虫数据的可读性。此外，系统具有的拖拽重计算、数据视图、值域漫游等特性赋予用户对数据进行进一步挖掘和整合能力。

⑤逐步判别预测。由于影响农作物病虫发生有众多变量参数，但这些变量在预测判断模型中所起的作用大小不同，逐步判别法就是在判别过程中不断的提取重要变量和剔除不重要变量，最终得到最佳的判别法则的过程。系统根据专家经验并结合全省代表点历年的气候—病情资料，进行全省小麦赤霉病的气候—病情分区，将全省划为皖南、皖中、皖西南和皖淮地区。中长期预报的自变量为上年11月上旬到次年2月下旬的旬平均温度和旬降水量，短期预报的自变量为1月上旬到4月上旬的旬平均温

度和旬降水量。用户输入当地短期或中长期预报气象资料，便可得到短期、中长期测报模型，经过历史符合率（回检）和可靠性检验，预测准确率高。

1.2.3 重大病虫害监测预警信息化建设的主要成效

重大病虫害数字化监测预警系统的开发建设和推广应用，彻底改变了我国农作物有害生物监控信息传统的传递方式，使测报信息的传输处理由传统的信件、邮件时代进入了网络信息时代，革新了测报管理方式，对基层区域站考核由定性转变为准确定量。促进了全国病虫测报数据库建设，建立了国家级病虫测报数据库，完成了2000年以来重大病虫害的测报数据的电子化入库；提升了病虫监测预警快速反应能力，初步实现了对重大病虫害的实时监控，对提高我国植保体系的数字化和信息化建设水平，推进全国农作物有害生物监测预警与治理现代化进程具有十分重要的意义。

（1）实现了测报数据报送网络化，加快了信息传输速度。系统的开发应用，进一步增强了全国农作物重大病虫害监测预警体系功能，基层区域站调查监测取得的测报数据，能够通过国家、省级监测预警系统实时上传到数据库中，且报送过程简单、快捷，极大地提高了工作效率。同时，数字化监测预警系统的建设，统一了测报调查标准和信息汇报制度，测报技术人员通过系统可以直接把数据上报给国家中心和省中心。其中，北京、浙江、黑龙江等省（直辖市）还开发了移动采集系统，采用全球定位系统（GPS）、移动手持电脑（PDA）、智能手机等现代科技设备，实现了重大病虫害发生信息的实时采集和上传。

（2）实现了测报信息分析智能化，提升了快速反应能力。在测报数据的汇总分析上，各地在系统建设中开发了多种数据分析处理功能。国家和各级植保机构（全国农业技术推广服务中心、植保站）可随时查询、分析、汇总各个测报站点当年及历史测报数据，大大提高了工作效率。在数据分析处理上，系统开发了多种智能化的数据分析、预报方法以及图形化分析处理功能，初步实现了数据分析处理的标准化和图形化，解决了目前测报数据利用率低、分析方法单一等问题。安徽、山西等省开发了预测模型辅助预测功能，上海、山东、四川等省（直辖市）开发了视频会商功能，提高了病虫害监测预警快速反应能力。

（3）实现了数据库建设标准化，建成国家病虫测报数据库。通过统一数据格式和标准，补充录入历史数据和实时录入调查数据，国家和各省级数字化系统均积累了海量的测报数据，初步建成了国家农作物重大病虫测报数据库。据统计，全国各级系统目前共设计报表2 520多张，数据量超过360万条，年均积累病虫测报数据60余万条。仅国家系统而言，目前已积累信息报表40多万张，数据1 200多万个。北京市已完成近30年来的测报历史资料电子数据库建设。这些测报数据的积累，为进一步开展测报技术研究，探索预报技术方法，提高预报服务水平奠定了坚实的基础。

1.3 预报多元化发布取得新进展

2010年以来，全国农业技术推广服务中心始终将预报发布方式创新作为重点，充分利用网络、电视和手机等现代媒体，扩大预报发布途径，在农作物重大病虫害信息系统建设中积极开发病虫预报网络或视频发布系统，通过计算机网络，向社会公众发布预报预警信息和防控技术意见，大力探索电视、手机和网络"三位一体"的现代病虫预报发布新模式，使预报信息发布达到了"快、广、准"的目标，为有效控制病虫为害发挥了重要作用。在农业部组织的2012年度绩效管理创新项目汇报评比中，该项目一举获得了农业部部属事业单位组第一名的好成绩[26～27]。

1.3.1 创新预报方式

为加大病虫预报发布力度，提高预报信息覆盖面，充分发挥病虫预报在指导重大病虫防控中的作用，全国农业技术推广服务中心在连续多年组织各地开展病虫电视预报工作的基础上，进一步加大病虫预报电视发布工作的力度，同时增加病虫预报网站发布和手机短信（彩信）发布途径，形成了三位一体的现代病虫预报发布新模式，极大地提高了预报信息的覆盖面和到位率。

（1）重大病虫警报电视预报。为做好重大病虫害预报信息的电视发布工作，提高预报信息的覆盖面、收视率和到位率，我们借助农业部和国家气象局合作机制，改病虫预报通过中央电视台7频道

（CCTV-7）发布预报为中央电视台综合频道（CCTV-1）黄金时段发布，从而对重大病虫警报实现了通过CCTV-1天气预报栏目发布，极大地提高预报信息的覆盖面和入户到位率。如针对2012年小麦赤霉病、三代黏虫的严重发生情况及时通过CCTV-1发布，对于宣传动员广大农民及时开展防治、提高防治效果、减轻灾害损失起到了积极作用。

（2）重要病虫预报手机平台发布。为提高预报信息发布服务的针对性和时效性，对于一些重要的病虫预报，我们借助重大病虫害数字化监测预警系统建设开发了手机彩信发布平台，及时将有关预报信息编发成手机彩信，通过系统彩信发布平台和中国联通短信通道及时发送到生产管理和植保技术人员手机上，起到很好的督促提醒作用。病虫预报短信服务应以特定对象为主，目前我们的发送服务对象主要有农业部相关司局、全国农业技术推广服务中心的领导及有关技术人员，各省（直辖市、自治区）植保站（局）的领导和测报技术人员，以及全国农作物病虫测报网区域站的测报技术人员，同时还增设专业化防治组织、高产创建示范片、种粮大户和家庭农场等相关植保人员数据库，进一步扩大短信服务范围。到2017年，全国农业技术推广服务中心又开发了"病虫测报"微信公众号，所有关注该公众号的人员都可在第一时间收到全国及各地的病虫害最新发生信息。

（3）全部预报信息专用网站发布。为做好病虫预报的网络发布工作，2010年以来，我们每年都对中国农技推广网病虫测报网页进行升级改版，开设了全国预报、各地预报、病虫周报、彩信预报、电视预报和重大警报等多个类型的预报发布栏目。在发布内容上，除发布全国的预报信息外，还组织各省植保站上传发布各地病虫预报信息，从而形成了上下一体、左右衔接的病虫测报信息集群，极大地丰富了预报信息内容，便于广大使用计算机的生产、经营和植保技术人员查阅使用，极大地提高了预报信息的利用率，促进了防治工作的开展。

1.3.2　预报创新主要成效

通过实施该项工作创新，解决了传统的预报发布不及时，难以到达农民手中的问题。快速、准确的病虫预报也在确保粮食"九连增"中发挥了重要作用。

（1）信息发布快捷，时效性强。通过电视、网络和手机等现代媒体发布预报信息，最大的优势就是信息传递迅速，预报信息一发出，用户马上就能收到，对指导和动员开展防治时效性更强。

（2）信息覆盖面广，到位率高。网络、电视的覆盖面远大于传统的纸质预报发布方式，尤其是CCTV-1天气预报栏目发布预报，既是王牌渠道，又是黄金时段，预报信息的覆盖面和到位率大幅提高。

（3）信息展示直观，实用性强。采用电视—手机—网络结合、文字—图形—语音结合的方式发布预报信息，图形化、可视化展示，通俗易懂，便于广大用户理解和掌握，预报使用效果好。

（4）信息长期保存，查询性强。通过网站发布预报信息，即可扩大信息覆盖面，又可使预报信息随时查询，还能使预报信息长期保存，反复利用，提高了预报的使用价值。

（5）信息受众广泛，影响力强。通过现代媒体发布预报信息，受众既有政府部门高层决策者，也有中层管理者和技术人员，还有广大农民等生产者。预报信息往往被多家主流媒体转载，进一步扩大了其社会影响力。

1.4　测报业务建设取得新成果

1.4.1　建立病虫测报年报制度

从2009年开始，全国农业技术推广服务中心病虫害测报处建立了农作物重大病虫害监测预警年报制度，每年年底组织编辑出版《农作物重大病虫害监测预警工作年报》，到2016年，已累计出版年报8卷。其中，2009年的"年报"以《中国植保导刊》增刊正式出版，2010—2016年由中国农业出版社正式出版。每年通过认真总结当年农作物重大病虫害发生实况、特点和原因，认真对当年的预测预报工作开展评估，检查预测预报结果的准确性，并分析预报产生偏差的原因，为深入研究病虫害发生规律和影响因素，制定和完善预测方法积累经验。同时，"年报"还对每年的重要工作、重大项目研究与实施进展进行总结，对开展的重要活动进行记录，从而对测报事业发展积累了宝贵的历史资料[28~33]。

1.4.2 大力开展测报交流活动

从2010年开始，全国农业技术推广服务中心根据不同阶段的工作重点，每年确定一个主题，策划举办测报技术研究与管理交流活动。近年来，先后组织举办了全国农作物病虫测报经验交流会、全国农作物病虫测报技术研讨会、全国农作物重大病虫害数字化监测预警推进工作会、全国农作物病虫测报标准区域站创建工作会、全国新型测报工具研发和应用技术研讨会等重要研讨和交流活动，开展了全国病虫测报先进集体和先进工作评选表彰、病虫测报优秀论文评比表彰和病虫测报数字化建设评比表彰，编辑出版了《病虫测报经验与启示》《病虫测报创新与实践》《病虫测报数字化与信息化》等论文集，较好地推进了各地病虫测报经验交流、技术推广和工作开展，推动了病虫测报事业的健康发展[34~36]。

1.4.3 坚持病虫测报培训制度

为促进全国农作物病虫测报网基层测报人员知识更新和业务素质提高，全国农业技术推广服务中心（原农林部农作物病虫害预测预报总站）从1979年开始，联合南京农业大学，每年举办全国农作物病虫害测报技术培训班1期，到2017年，已连续举办培训班39期。从2006年起，又在西南大学开辟了第二个培训基地，已连续举办12期。培训规模和时间从最初的50人3个月调整为100人21d，累计为全国农作物病虫测报体系培训技术骨干2 000多人，一大批经过培训的学员逐渐走上了基层地县级植保机构，乃至省级植保机构的领导岗位，在促进测报体系人才队伍建设中发挥了重要作用。另外，2009年以来，全国农业技术推广服务中心还每年不定期举办农作物重大病虫害数字化监测预警技术培训、物联网新型测报工具培训班，水稻、玉米和棉花等作物病虫害测报技术培训班，在促进农作物重大病虫害数字化监测预警系统推广应用、测报工具的升级换代和测报技术水平提高方面发挥了积极作用。

1.4.4 积极开展测报技术研究

2009年以来，全国农业技术推广服务中心牵头主持完成了国家公益性行业（农业）科研专项"主要农作物有害生物种类与发生危害特点"重大项目，组织12家科研、教学单位和31个省、自治区、直辖市植保机构以及600多个基层县级植保机构对水稻、小麦、玉米、大豆、马铃薯、棉花、麻类、油菜、花生、柑橘、苹果、梨、茶、甜菜、甘蔗等15种作物有害生物的发生种类、危害损失、分布区划和治理对策进行了研究，对摸清我国主要农作物有害生物家底，提高监测防控的针对性打下了较好的基础。另外，全国农业技术推广服务中心还主要参与完成了"小麦锈病监测与综合治理技术研究与示范""农田地下害虫综合防控技术研究与示范""白背飞虱和稻纵卷叶螟预测预报与综合防治技术研究与示范""灰飞虱传播的病毒病综合防治技术研究与示范""二点委夜蛾、玉米螟等玉米重大害虫监测防控技术研究与示范"等10多个课题的研究工作，对于研究明确重大病虫害的发生规律、发生影响因素，以及提高预测预报的准确性发挥了重要作用。2010年以来，"小麦条锈病源头区治理关键技术""水稻条纹叶枯病与黑条矮缩病绿色防控技术""主要农作物重大病虫害数字化监测预警技术"和"稻麦玉米三大粮食作物有害生物发生危害特点研究与应用"等成果共获得国家科技进步一等奖1项、二等奖1项，全国农牧渔业丰收奖一等奖3项，省部级科技进步一等奖3项，其他科技奖励10多项。2000年以来，全国农业技术推广服务中心还牵头制定重大病虫害测报技术规范国家和行业标准50多项，对推进病虫测报工作规范化、标准化发展起到了较好的引导作用[28~33]。

1.4.5 大力开展测报国际合作

为加强重大病虫害监测预警国际合作，提高我国重大病虫害监测预警能力和水平，自2001年以来，全国农业技术推广服务中心在农业部国际合作司和种植业管理司的支持下，先后实施了中国—韩国水稻迁飞性害虫监测与治理合作项目、中国—越南水稻迁飞性害虫监测与防治合作项目、中国—比利时马铃薯晚疫病监测技术交流合作项目。通过实施项目，先后与韩国、越南建立了水稻迁飞性害虫发生数据交换、信息交流、技术合作机制，尤其是越南作为我国水稻迁飞性害虫及其传播病毒病的主要虫源、毒源地，韩国作为东亚季风区水稻迁飞性害虫跨境迁飞发生的末端的主要危害区，中国作为迁飞性害虫发生危害最主要的大国，通过与越南、韩国互派专家开展田间病虫害发生情况实地调查和技术交流，了解其水稻生产及病虫害发生情况，对于联合开展水稻迁飞性害虫跨境迁飞发生和流行规律研究，提高我国迁飞性害虫发生的早期预见性和准确性，起到了积极作用。通过与比利时开展合作，引进了比利时马铃薯晚疫病的实时监测预警模型，并通过国内专家的计算机开发，建立了马铃薯晚疫病实时预警系统平台，实现了全国马铃薯晚疫病实时联网监测，对于提高马铃薯晚疫病的监测能力，提高防控工作指导水平发挥了重要作用[16、37、38]。

2 面临的挑战和问题

近年来，经济社会发展和种植业供给侧结构性改革对测报工作提出了新的要求，测报工作面临新的挑战，也面临严峻考验。

2.1 生态绿色安全农产品的消费需求越来越高，要做到少打药、精准施药，必须要有准确的预报做支撑

2015年年初，农业部印发了《到2020年农药使用量零增长行动方案》[39]。提出"到2020年，主要农作物农药利用率达到40%以上、比2013年提高5个百分点，力争实现农药使用量零增长的目标"。为实现这一目标，必须大力推进"科学植保、公共植保、绿色植保"，在大力推广农业、生物、物理等环境友好型防治技术的基础上，提高科学用药水平和防治效果。实施农药使用量零增长行动的根本出路在于加强病虫测报。准确的预测预报，一是可以确定要不要打药，二是什么时候打药，三是打几遍药效果好，从而减少盲目用药，在精准施药和少打药的情况下有效控制病虫害。

2.2 种植业结构调整，优势特色园艺作物支撑大产业，但病虫测报知识贮备不足、技术支撑不够

近年来，我国农业生产的主要矛盾由总量不足转变为结构性矛盾，突出表现为阶段性供过于求和供给不足并存，矛盾的主要方面在供给侧。2017年中央1号文件提出，种植业要"按照稳粮、优经、扩饲的要求，加快构建粮经饲协调发展的三元种植结构"，要"做大做强优势特色产业，实施优势特色农业提质增效行动计划，促进杂粮杂豆、蔬菜瓜果、茶叶蚕桑、花卉苗木、食用菌、中药材和特色养殖等产业提档升级，把地方土特产和小品种做成带动农民增收的大产业"。[40]这就要求我们植保部门适应国家战略发展需要，搞好技术服务，支持国家战略调整。但过去我们农技部门主要围绕粮食等大宗农产品搞服务、搞推广，这方面的技术储备明显不足。

2.3 互联网＋、物联网、大数据、云计算等信息化技术的发展，迫使加快测报手段现代化建设

近年来，信息技术的迅猛发展，物联网、空间信息、移动互联网等信息技术在农业生产的在线监测、精准作业、数字化管理等方面得到不同程度应用。在大田种植上，遥感监测、病虫害远程诊断、水稻智能催芽、农机精准作业等开始大面积应用。在设施农业上，温室环境自动监测与控制、水肥药智能管理等技术加快推广应用。病虫测报工作本身的性质就是病虫信息服务工作，现代信息技术的发展在为我们提供方便的同时，也迫使我们加强学习，加快测报手段的现代化建设。

2.4 气候异常和耕作制度的变化导致病虫害暴发重发频率提高，对病虫测报工作带来新的压力

近年来，受异常气候影响，全国农作物有害生物持续重发，年发生面积高达4.5亿hm^2次以上，实际造成粮食损失2 000多万t，而通过防治挽回损失高达1.0亿t左右。稻飞虱、稻纵卷叶螟、黏虫、蝗虫、草地螟和稻瘟病、小麦赤霉病、小麦条锈病、马铃薯晚疫病等多种迁飞性害虫和流行性病害发生面积大，暴发频率高，年度间发生差异显著，不确定性增大，给农业生产稳定发展造成严重威胁，给

病虫测报工作也带来了新的压力[41]。

2.5 当前全国测报体系面临体系不稳、人员不足、保障不力、设备落后等现实问题，做好监测预警工作面临前所未有的挑战

据统计，进入新世纪以来，由于城镇化、工业化的发展，全国农业技术推广体系，特别是基层县乡级植保测报体系始终处于减员状态，大多数基层植保测报机构超过10年不进人，存在严重的青黄不接现象，有的县植保站只有一两人，甚至没有专职植保人员。据全国农业技术推广服务中心2015年上半年对全国1 000个病虫测报区域站摸底调查，共有905个站点填报了相关数据。其中，共有专职测报技术人员3 462名，平均每站3.83人；有兼职测报技术人员2 576名，平均每站2.85人；有68个区域站没有专职测报技术人员，占7.51%；有29个区域站既没有专职测报员，也没有兼职测报技术员，占3.20%。存在严重的体系不稳、人员不足问题。同时，除四川、江苏等少数省份外，大多数省份没有病虫测报专项经费，许多常规检测无法正常进行，对于测报调查交通工具，保障力度也在下降。2015的调查结果表明，已经进行了车改的站点占10.3%，下乡调查没有交通工具，靠自行解决。其他站点多使用摩托车、电动车、公交车、私家车解决下地调查用车，目前主要采取就近调查，调查频次、调查面积、取样点数都有所减少，影响了调查及时性、代表性和准确性。另外，现在大多数区域站使用的测报工具还是2000年前后的主打产品，不仅陈旧落后，自动化程度低，工作效率也不高。

3 推进工作重点

从"十三五"开始到2025年，重大病虫害监测预警工作的思路是，以"创新、协调、绿色、开放、共享"五大发展理念为指导，紧紧围绕农业供给侧结构性改革，以提高重大病虫害监测预警能力、有效指导防控工作开展、保障国家粮食安全为宗旨，通过不断加强建设，实现病虫测报装备现代化、测报手段信息化、预报发布多元化、预测方法模型化、调查内容实用化、测报队伍专业化，让病虫测报工作不再辛苦，让测报工作成为人人愿意干的光彩事业，推进我国农作物病虫害测报事业健康发展。

3.1 加强测报站点建设，推进测报装备现代化

自1998年国家实施植物保护工程建设项目以来，到2013年，经过16年的投资建设，国家累计投资44.23多亿元（其中中央财政投资35.84亿元），共建设病虫监测防控类项目1 861个。其中，建设省级病虫监控分中心26个，建设地（市）级植保机构105个，县级植保机构1 707个，尤其是县级植保机构，重点建设了病虫观测场，配备了先进的仪器病虫监测和检测设备，全国农作物重大病虫害监测防控能力有了很大提高。但是，随着时间的推移，前期投资配备的大部分设备已到报废年限，不能正常使用。同时，随着现代科学技术的发展，许多新型的现代科技产品被越来越多地应用到测报领域，为进一步提升测报装备水平，提高重大病虫害监测预警能力提供了技术支撑。今后基层病虫测报站点建设的重点：一是加强病虫观测场建设。确保每个县级建设1个标准观测场，配备自动虫情测报灯、孢子捕捉仪、田间小气候仪，以及农作物病虫害远程监控物联网、害虫性诱实时监测系统、农作物病害实时预警系统等设备。加快应用农作物病虫害远程监控物联网等新型测报技术设备，不断提高病虫测报装备水平，逐步实现病虫监测由完全靠人到主要依靠机器的转变，为"测报工作不再辛苦"奠定基础。二是加强基层病虫害观测站点建设。在加强观测场建设基础上，根据当地农作物种植布局、生态类型和地势地貌等特点，每个县设立每县5～10个病虫观测点，配备自动虫情测报灯、害虫性诱实时监测系统、病害实时预警系统必要的监测设备，从而在增加调查站点数量，减少监测盲点，提高调查取样的代表性。三是解决测报调查必要的交通工具。近年来，随着公车改革的推进，一些地方基层也取消了测报调查用车，造成无法下田、无人下田的局面，严重影响病虫害测报调查工作的开展，增加了漏查漏报导致病虫暴发成灾的风险。应该明确测报下乡调查用车不是一般意义的公务用车，而是特殊行业和工作用车，应当在公车改革中予以保留，或者通过配置轻便实用的小型交通工具暂时予以解

决，以保障测报调查最基本交通工具需要[1]。

3.2 加强信息系统建设，推进测报工作信息化

在进一步加强运维管理、完善系统功能，确保全国农作物重大病虫害数字化监测预警系统长期稳定运行的基础上，加强病虫测报信息化建设顶层设计，制定全国农作物重大病虫害监测预警信息化建设规划（2017—2025），按照"统一规划、分步实施，共享共建、分级管理"的原则，力争经过10年左右时间，开发建设上下贯通、左右相连、行业适用的全国农作物重大病虫害监测预警信息化平台4.0。建设的重点内容：一是重大病虫害监测物联网。在建立完善田间监测网点，配备智能化监测设备的基础上，研制统一的物联网设备接入认证网关和数据接口，开发智能设备联网运行管理系统，实现监测设备及其数据的接入与管理，建成病虫测报物联网数据中心和应用平台。二是重大病虫害监测预警管理平台。利用最新信息技术，升级改造农作物重大病虫害数字化监测预警系统，增强系统功能和兼容性、可扩展性，保障系统在新的网络环境下正常运行。开发以手机为载体，利用移动互联网等新媒体发布病虫情报的技术途径，实现病虫情报信息发布、管理、订阅等功能，进一步提高病虫情报信息服务水平。建设农作物重大病虫害模型预警系统，嵌入各种实用的预测模型，实现主要预测模型的构建、模型自学习和优化，提高预测的准确率。三是远程会商和调度指挥系统。开发建设网络会议和病虫害发生趋势会商系统，实现通过图文信息、音频、视频开展远程病虫诊断和趋势会商，丰富重大病虫害发生趋势会商手段。利用移动终端设备，开发多点参与、统一指挥的远程调度指挥系统，实现音视频呼叫、人员设备调度、田间远程实时调查监测、调度指挥等功能，提高监控调度指挥的有效性。四是病虫测报大数据平台。建立全国病虫测报数据中心，实现数据统一存储、异地备份，优化全国病虫害数据的管理。按照"分级管理、共享共建"的原则，建立统一的病虫基本知识、测报技术规范、田间调查数据、灯下监测数据等病虫测报数据库。开发数据共享接口和测报数据资源共享系统，实现数据共享的申请、派发和管理等功能，促进数据库共建共享。开展病虫害大数据研究和挖掘利用，研制开发简便实用的重大病虫害发生预测模型，拓展数据分析方法，提高数据利用率。五是移动办公与服务系统（病虫测报APP）。基于移动端智能设备，依托农作物病虫害监控与调度指挥系统，开发信息采集报送、监测设备管理、监测任务催报、情报信息服务、网上交流互动、病虫诊断识别、防治技术咨询、网络趋势会商、防控调度指挥，以及病虫知识库等功能的病虫测报APP，实现病虫测报移动办公，提高测报信息传递速度。六是系统安全和标准体系建设。建设符合国家三级信息系统等级保护和当地管理要求的软硬件网络环境，为系统运行提供稳定可靠的环境。研究制定病虫监测数据采集、通讯传输、系统建设、系统应用和运行维护等方面的技术标准，为实施全国联网，实现数据共享创造条件。另外，还要注意加强基层病虫测报信息化建设。统一规划、设计全国基层病虫测报信息化网络，建设既能与国家、省级系统无缝对接，又具有当地特色的县级植保信息管理系统。

3.3 加大预报发布力度，推进预报发布多元化

病虫预报是为农业生产服务的有时效性公共信息，只有到达用户手中，被用户所接受，才能真正发挥作用。因此，测报工作需要在及时监测和准确预报的基础上，另一个最关键的环节是采用一切有效的途径和手段，把预报发布出去，让农业生产经营者、管理者和相关服务者等更多的用户所接受，使其在指导病虫防治中发挥作用，病虫预报的价值才能真正得到体现，测报工作才能得到社会的认可。今后，全国农作物病虫测报工作的一个重点，就是要加大预报技术的开发和预报模式的探索，尤其要加大利用现代新型媒体和信息手段发布病虫预报的力度，完善电视—广播—手机—网络—明白纸"五位一体"的现代病虫预报发布新模式，推进病虫预报发布可视化和多元化。一是加大通过电视发布病虫预报的力度。电视是当前城乡最主要的大众传播媒体，其覆盖面广，信息传播速度快，到位率高，而且生动形象，容易接受，信息传播效果好。各级植保机构都要加大与当地电视台站的合作，在重大病虫害发生和防治关键时期，单独或合作制作节目，在农民收看电视的高峰时间播出，提高病虫预报的使用效果。二是加强通过广播发布病虫预报的力度。广播可以作为病虫预报电视发布方式的补充，

要加强与广播台站的合作，制作病虫预报广播节目适时播出，提醒收听广播的农户注意病虫害的发生情况，及时做好准备，开展防治。三是注意利用网站发布病虫预报。利用网站发布预报信息的优势在于信息可以长期保存在服务器上，只要登录网页或者通过百度等搜索引擎搜索，就可以比较方便地查找到任何历史时期发布到网上的信息，既能有效地服务网络用户，还可以起到积累历史数据的作用。建议各级植保机构建立通过网页发布预报的机制，病虫预报产品一经审批，即可立即上网，让用户在最短的时间内，了解病虫发生信息，及时做好防治准备。四是积极探索利用手机等移动端（设备）发布病虫预报的途径。智能手机已经进入千家万户，成为城乡居民获取信息的最主要渠道。利用手机发布预报的优势在于方便快捷，用户随时随地都可以查看各类信息。近几年各地利用手机发布预报信息的主要方式还是以短信、彩信为主，今后可以探索利用微信公众号，以及移动信息服务端（手机APP）等发布预报信息，并提供技术咨询、知识学习等服务。五是继续发挥明白纸等纸质媒介等发布病虫预报的作用。病虫情报是预报审批的法定文件，经领导审批后印制成规范的病虫情报公文对外正式发布，主要为领导决策和指导防控提供依据。同时，也作为以其他方式发布病虫预报的依据。在此基础上，还可以印制成明白纸、可以张贴的海报等纸质文件，扩大预报的宣传效果。

3.4 加强测报技术研究，推进预测方法模型化

新中国成立60多年来，我国农作物病虫害的测报技术经过多年探索研究，形成了以综合分析为主、指标预测和回归模型预测为补充的测报技术模式。这一技术模式的应用，对于促进测报技术研究，提高预测预报的准确性发挥了重要作用。但是，这种预测方式最大的问题是需要测报人员有多年从事测报工作的经验，而且需要系统观察，收集作物长势、气候因素等多方面的材料。目前，全国植保体系，尤其是测报系统人员持续减少，人员变动快，队伍不稳，对有效使用这一方法开展病虫害预测提出了挑战。必须加强测报技术研究，在掌握病虫害发生流行规律、预测因素的基础上，制定简便实用的预测模型，逐步加大模型预测的份量，降低人为因素。为此，一是研究掌握重大病虫发生变化动态。受耕作制度和气候变化等因素影响，重大病虫害年际间发生变动往往具有一定的规律，表现为总体上升或下降的趋势，研究掌握这些变化动态，对于明确重大病虫害监测预警的方向性、提高准确性都具有重要意义。二是研究掌握重大病虫发生规律。对于一些新发的重大病虫害，以及一些发生流行规律还不清楚的重大病虫害，要加强其发生流行规律的研究，研究明确其生活史、侵染循环和发生流行的主要影响因素，确定可用于病虫害发生预测的影响因子，以及各种因素对病虫害发生流行影响的大小，研究确定预测指标，以提高分析预测的准确性。三是研制重大病虫害预测模型。实施重大病虫害智能化、自动化预测的前提是研制准确的预测模型。我国农作物病虫害预测模型的研究经过几十年的发展，虽然比较艰难，但也取得了一些可喜的成绩。如马铃薯晚疫病预测模型的引进和推广应用，为构建马铃薯晚疫病实时预警系统奠定了基础；基于小麦赤霉病预测模型的研发，西北农林科技大学也开发了小麦赤霉病实时预警系统（预报器）。这些设备布设在田间，都实现了对病虫害预测因子的实时观测和预警，为开发其他重大病虫害的预测模型探索了思路。随着物联网技术、设备在农业生产和病虫测报中的应用，为预测模型的研发和应用带来极大便利，今后，病虫测报研究要将预测模型的研究作为重点，通过实施科研项目，针对重大病虫测报对象和测报工作需要，研究制定简便实用的病虫害预测模型，并在实践中不断完善校验，不断提高模型预测准确性，直至直接用于测报，推进预测方法模型化，以解决基层测报队伍不稳、人员数量不足，以及测报准确率不高的问题。

3.5 简化测报调查方法，推进测报调查实用化

我国现行的农作物病虫害测报调查方法是在1980年农业部农作物病虫测报总站编印的《农作物主要病虫测报办法》[42]的基础上，经过多年探索，从20世纪90年代开始至今，陆续制定的各种重大病虫害测报技术规范国家标准或行业标准所确定的[43]。总的来讲，这些标准着眼于全国农作物重大病虫害测报工作实际，从测报调查的时间、内容、方法，以及信息报送的具体要求、表格都做了规定，尤其是自2009年农作物重大病虫害数字化监测预警系统上线投入应用以来，对全国所有的测报对象都实

行了网络化管理，全国农作物病虫测报网各区域站及时填报观测数据，逐步建成了全国农作物病虫测报数据库[44、45]，对提高重大病虫害的监测预警能力发挥了重要作用。但是，这其中有些标准的制定侧重于对病虫害的系统观测和规律的研究，需要观测的项目和内容比较多，工作量比较大，很多数据利用率比较低，一方面造成测报人员十分辛苦，一方面又是数据资源的巨大浪费，与当前基层各地越来越薄弱的测报队伍不相适应，必须立足测报工作实际需要，研究简化测报调查内容，逐步做到只调查预报所需要的内容。对于用于病虫害发生规律的调查观测内容，由测报科研人员去做，或者在每个生态区选择几个重点站点去完成。实施好测报调查方法的简化工作，需要从如下方面入手：一是对现有标准进行评估。通过组织专家论证，对现有标准逐个逐项内容进行梳理，明确哪些调查内容是测报实际需要的指标内容，必须保留；哪些内容主要用于发生规律的研究，目前规律是不是已经清楚了，可否精简或者确定几个代表性的重点站承担。二是与现行测报数据有效衔接。测报调查方法的简化要充分考虑与现行测报调查方法和历史数据的有效对接，并及时修改"农作物重大病虫害数字化监测预警系统"数据库表格结构，做到无缝对接，促进数据的积累和数据库的建设。三是有计划稳步推进。测报调查标准的制定经过长期的研究和积累，每个标准都经过立项、制定草稿、安排基层站点试用、征求修改意见、形成审定稿、专家论证、形成报批稿、审定发布等程序。因此，调查方法的简化也是一项严肃认真的系统工程，应该有步骤地逐个逐批列出工作计划，由生产一线及科研、教学单位的专家一起研究论证，确定精简内容，甚至经过试用和征求意见，最终形成简化意见，再付诸实施，做到稳步推进，工作正常过渡，从而达到促进测报工作开展的目的。

3.6 加强测报体系建设，推进测报队伍专业化

新中国成立以来，我国的农作物病虫害测报体系经过60多年的建设，逐步形成了国家、省、市、县四级比较健全的测报体系，其中有的省（市）县以下还有乡镇测报站点和农民测报员。据统计，2015年，全国县、乡级两级植保人员分别为22 076和25 391人，这其中，有很大一部分人员承担病虫测报工作任务，为保障全国农作物病虫害监测预报工作的顺利开展发挥了重要作用。近年来，随着经济社会的发展和改革的深入，很多基层植保机构多年不进新人，基层测报体系面临机构不稳、人员减少、青黄不接的局面。这个问题必须引起体系管理和建设部门的重视，加强调查研究工作，采取切实有效的措施，在精简队伍的基础上，科学设置、严格管理、加强培训，逐步建立一支高效的专业化的测报队伍。为此，一是不断加强基层植保体系建设。在现有基层植保体系相对健全的基础上，进一步理顺关系，补齐短板，尤其要保证在全国2 500多个农业县（市）建立功能相对完善的植保机构，主要农业乡镇要有专门负责植保测报工作的技术人员。二是不断稳定测报队伍。要通过改善测报工作条件，提高工作待遇等途径，激发测报人员工作热情，做到政策留人，待遇留人、感情留人，确保县级植保机构专职测报人员原则上不少于2人以上，其中，国家和省级病虫测报区域站不少于3人。三是大力开展测报技术培训。通过层层举办各种类型的针对性强的技术培训班，不仅使广大测报技术人员掌握最新的测报科技知识，提高测报工作能力。而且要加强职业教育，明确工作要求，明确考核办法，增强大家做好工作的责任感。四是要推进植保和测报法制建设。要配合农业立法部门加快推进《农作物病虫害防治条理》和《农作物病虫害预测预报管理办法》的出台。在规范测报工作的同时，争取用法制的手段，对测报工作条件、经费、人员待遇等进行保障，促进测报事业的健康发展。

致谢！河北省植保植检站王睿文科长、安徽省植保总站郑兆阳科长、新疆维吾尔自治区植保站王惠卿科长提供相关省份信息系统建设材料，在此特致谢忱！

参考文献：

[1] 中华人民共和国农业部. 农业部印发关于加快推进现代植物保护体系建设的意见[J]. 中国植保导刊, 2013, 33(6): 5-7.

[2] 张跃进, 吴立峰, 刘万才, 等. 加快现代植保技术体系建设的对策研究[J]. 植物保护, 2013, 39(5): 1-8.

[3] 赵树英. 佳多农林病虫害自动测控系统（ATCSP）开发与应用前景[J]. 农业工程, 2012, 2(S1): 51-53.

[4] 刘万才, 刘杰, 钟天润. 新型测报工具研发应用进展与发展建议[J]. 中国植保导刊, 2015, 35(8): 40-42.

[5] 郑凯迪, 杜永均. 蛾类昆虫性信息素受体及其作用机理[J]. 昆虫学报, 2012, 55(9): 1093-1102.

[6] 万新龙, 杜永均. 昆虫嗅觉系统结构与功能研究进展[J]. 昆虫学报, 2015, 58(6): 688-698.

[7] 曾娟, 杜永均, 姜玉英, 等. 我国农业害虫性诱监测技术的开发和应用[J]. 植物保护, 2015, 41(4): 9-15.

[8] 王博, 林欣大, 杜永均. 蛾类性信息素生物合成途径及其调控[J]. 应用生态学报, 2015, 26(10): 3235-3250.

[9] 姚士桐, 吴降星, 郑永利, 等. 稻纵卷叶螟性信息素在其种群监测上的应用[J]. 昆虫学报, 2011, 54(4): 490-494.

[10] 左文, 巩中军, 祝增荣, 等. 水稻二化螟性信息素和诱捕器组合的田间诱蛾效果比较[J]. 核农学报, 2008, 22(2): 238-241.

[11] 曾伟, 唐达萱, 李仁英. 不同监测工具对水稻二化螟越冬代成虫的监测效果研究[J]. 西南师范大学学报（自然科学版）, 2012, 37(10): 82-86.

[12] 姜玉英, 曾娟, 高永健, 等. 新型诱捕器及其自动计数系统在棉铃虫监测中的应用[J]. 中国植保导刊, 2015, 35(4): 56-59.

[13] 罗金燕, 陈磊, 路风琴, 等. 性诱电子测报系统在斜纹夜蛾监测中的应用[J]. 中国植保导刊, 2016, 36(10): 50-53.

[14] 包晓敏, 吕文杰, 夏海霞. 农业虫害自动测报终端的设计[J]. 浙江理工大学学报（自然科学版）, 2015, 33(6): 872-876.

[15] 谢开云, 车兴壁, Christian Ducatillon, 等. 比利时马铃薯晚疫病预警系统及其在我国的应用[J]. 中国马铃薯, 2001, 15(2): 67-71.

[16] 黄冲, 刘万才, 张君. 马铃薯晚疫病物联网实时监测预警系统平台开发及应用[J]. 中国植保导刊, 2015, 35(12): 45-48.

[17] 张斌, 耿坤, 余杰颖. 比利时马铃薯晚疫病预警系统的应用[J]. 中国马铃薯, 2011, 25(1): 42-46.

[18] 袁冬贞, 崔章静, 杨桦, 等. 基于物联网的小麦赤霉病自动监测预警系统应用效果[J]. 中国植保导刊, 2017, 37(1): 46-51.

[19] 黄冲, 刘万才, 姜玉英, 等. 病虫测报数字化[M]. 北京: 中国农业出版社, 2016.

[20] 刘宇, 刘万才, 常钧, 等. 农作物重大病虫害数字化监测预警系统开发建设与应用[M]. 北京: 中国农业出版社, 2011.

[21] 刘万才, 黄冲. 我国农作物病虫测报信息化建设进展与发展建议[J]. 中国植保导刊, 2015, 35(3): 90-92.

[22] 刘万才, 刘宇, 曾娟, 等. 推进农业有害生物数字化监测预警建设刍议[J]. 中国植保导刊, 2009, 29(10): 11-15.

[23] 刘万才, 刘宇, 龚一飞. 论重大有害生物数字化监测预警建设的长期任务[J]. 中国植保导刊, 2011, 31(1): 25-29.

[24] 刘宇, 刘万才, 韩梅. 农作物重大病虫害数字化监测预警系统建设进展[J]. 中国植保导刊, 2011, 31(2): 33-35.

[25] 刘宇, 刘万才, 王学锋. 水稻重大病虫害数字化监测预警平台的设计与实现[J]. 中国植保导刊, 2009, 29(12): 5-9.

[26] 刘万才, 姜玉英, 曾娟, 等. 电视—手机—网络"三位一体"现代病虫预报发布新模式的创新与应用[J]. 中国植保导刊, 2013, 33(6): 47-49.

[27] 龚一飞, 刘万才. 病虫预报网络发布方式的创新与实践[J]. 中国植保导刊, 2011, 31(11): 48-50.

[28] 姜玉英, 刘万才, 曾娟, 等. 农作物重大病虫害监测预警工作年报2010[M]. 北京: 中国农业出版社, 2011.

[29] 姜玉英, 刘万才, 曾娟, 等. 农作物重大病虫害监测预警工作年报2011[M]. 北京: 中国农业出版社, 2012.

[30] 曾娟, 黄冲, 刘万才, 等. 农作物重大病虫害监测预警工作年报2012[M]. 北京: 中国农业出版社, 2013.

[31] 黄冲, 陆明红, 刘万才, 等. 农作物重大病虫害监测预警工作年报2013[M]. 北京: 中国农业出版社, 2014.

[32] 陆明红, 刘杰, 刘万才, 等. 农作物重大病虫害监测预警工作年报2014[M]. 北京: 中国农业出版社, 2015.

[33] 刘万才, 刘杰, 等. 农作物重大病虫害监测预警工作年报2015[M]. 北京: 中国农业出版社, 2016.

[34] 刘万才, 姜玉英, 龚一飞, 等. 病虫测报经验与启示[M]. 北京: 中国农业出版社, 2010.

[35] 刘万才, 姜玉英, 陆明红, 等. 病虫测报创新与实践[M]. 北京: 中国农业出版社, 2012.

[36] 刘万才, 姜玉英, 黄冲, 等. 病虫测报数字化与信息化[M]. 北京: 中国农业出版社, 2013.

[37] 刘万才, 黄冲, 刘杰. 韩国农作物有害生物监测预警建设的经验[J]. 世界农业, 2016, 5(445): 59-63.

[38] 刘万才, 陆明红, 翟保平, 等. 越南水稻生产及其迁飞性害虫发生情况[J]. 中国植保导刊, 2014, 34(10): 91-95.

[39] 中华人民共和国农业部. 农业部关于印发《到2020年化肥使用量零增长行动方案》和《到2020年农药使用量零增长行动方案》的通知[EB/OL]. (2016-01-15) [2017-05-14]. https://wenku.baidu.com/view/7c83c9c614791711cd791764.html?from=search###

[40] 中共中央 国务院. 关于深入推进农业供给侧结构性改革, 加快培育农业农村发展新动能的若干意见[EB/OL]. (2017-02-09) [2017-05-14]. http://hh.hljagri.gov.cn/ detail/7686.html

[41] 刘万才, 黄冲, 陆明红, 等. 近10年我国农作物主要病虫害发生危害情况的统计和分析[J]. 植物保护, 2016, 42(5): 1-9.

[42] 农业部农作物病虫测报总站. 农作物主要病虫测报办法[M]. 北京: 农业出版社, 1981: 1-290.

[43] 全国农业技术推广服务中心//刘万才, 丁伟, 姜玉英. 主要农作物病虫害测报技术规范应用手册[M]. 北京: 中国农业出版社, 2010: 1-292.

[44] 全国农业技术推广服务中心//刘宇, 刘万才. 农作物重大病虫害数字化监测预警系统开发建设与应用[M]. 北京: 中国农业出版社, 2011: 1-155.

[45] 农业部种植业管理司, 全国农业技术推广服务中心//黄冲, 刘万才, 姜玉英. 病虫测报数字化[M]. 北京: 中国农业出版社, 2016: 1-236.

全国病虫测报体系建设与管理工作研讨会纪要

2016年6月16～17日，全国农业技术推广服务中心在青海省西宁市召开了全国病虫测报体系建设与管理工作研讨会，来自各省、自治区、直辖市植保（植检）站的部分站长、测报科长和有关专家共40余人参加了会议。与会人员就病虫测报体系建设与管理工作取得的成绩、存在的问题及进一步做好该项工作的对策建议进行了充分研讨，达成了广泛共识。纪要如下：

1 近年来测报体系建设和管理取得的成绩

会议代表认为，近年来，在农业部领导的重视和支持下，全国病虫测报体系建设和管理工作进展明显，成绩显著。主要体现在以下几个方面：

1.1 推进了全国农作物病虫测报网区域站建设

病虫测报区域站是测报工作的基石。近年来，在农业部领导的重视与支持下，在国家有关政策的推动下，全国农业技术推广服务中心和全国各级植保机构抓住机遇，积极推进全国病虫测报网区域站的建设和管理工作，通过实施植保工程等项目，不断优化区域站结构，完善病虫测报体系。一是开展标准区域站示范创建活动。全国农业技术推广服务中心2013年组织开展了标准区域站示范创建活动，认定了108个标准化区域站，在全国树立了一批标准化区域站典型，并通过召开标准化区域站创建示范现场会等形式，推动各地不断创新，不断加强病虫测报区域站的建设和管理工作。二是推进病虫测报观测场（圃）建设。借助植保工程实施，确定病虫观测场（圃）建设标准，积极推进病虫观测场（圃）建设，增加监测站点，减少了监测盲点，改善了病虫监测条件，增强了病虫调查监测的系统性。三是适时调整全国病虫测报区域站。2014年全国农业技术推广服务中心在充分论证的基础上，将全国病虫测报网区域站由600个调整到1 030个，从而增加了全国病虫测报网点密度，使测报调查的区域性更强，提高了监测预警的覆盖面和准确性。

1.2 推进了全国农作物病虫测报信息化建设

近年来，在部种植业管理司的大力支持下，全国病虫测报体系重大病虫害监测预警系统平台建设取得了较大进展。一是初步建成了全国农作物重大病虫害数字化监测预警系统，目前已经成为各级病虫测报技术人员不可或缺的工作平台。二是全国20多个省份建成了各具特色的省级测报信息系统，并与国家系统实现了互联互通，病虫测报信息化建设水平明显提高。三是建成全国病虫测报数据库，全国农作物重大病虫害监测预警系统平均每年积累20多万条300万项数据，已累计积累了16年的测报历史资料，初步建成了国家农作物病虫测报数据库，为开展测报技术和预警模型研制提供了数据基础。

1.3 推进了新型测报工具研发与应用

21世纪以来，全国上下共同努力，以重大病虫害实时监测预警为核心的新型测报工具研发和应用取得了积极进展。一是自动虫情测报灯不断完善，得到升级换代。由过去的简易黑光灯，升级换代为具有诱虫灯自动开关、接虫袋自动转换、虫体远红外自动处理等功能的自动虫情测报灯。二是田间小气候采集仪功能拓展，得到广泛应用。通过实时采集温度、湿度、降水量等气象参数，实现了对农业生态信息的自动监控，并在马铃薯晚疫病的自动监测方面广泛应用，为研究开发其他病虫害实时监测预警模型积累了经验。三是病虫实时监控系统种类多样，研发进展加快。相关企业积极利用物联网技术研发了农业病虫害物联网实时监控系统、害虫自动性诱监测系统等，为实施病虫自动监测预警奠定了基础。

1.4 探索了加强测报体系建设经验和做法

为加强测报体系建设，稳定测报队伍，江苏、四川等省将全省的病虫监测经费固定列入了财政预算，强化了测报工作经费保障；福建省在全省推行村级植保员制度，增加了测报的基层力量；山东省济南市在保障经费的基础上，通过设立村级病虫观测站点，装备先进仪器设备，提高了监测预警能力；广西壮族自治区通过加强考核管理，建立了测报工作制度，促进了测报工作正常开展；河北、天津、江西、湖南、湖北、浙江和宁夏等省、市、自治区通过颁布植物保护相关条例，推进病虫测报法制化、管理规范化，促进了病虫测报体系稳定和发展。

2 面临的问题与挑战

在总结成绩的同时，会议代表分析认为，当前全国病虫测报体系建设和管理工面临诸多问题与挑战。必须高度重视，加强调研，提出对策，逐步改善。

2.1 受气候异常、耕作制度变化等因素影响，重大病虫害持续加重，暴发频率提高，成灾现象增加

2000年以来，全国农作物病虫害持续加重，2006—2015年全国农作物病虫害年均发生面积4.8亿hm²次，为全国耕地面积的3.55倍，比上一个10年增加20.82%。小麦条锈病、赤霉病，稻飞虱、稻纵卷叶螟、稻瘟病，以及东亚飞蝗、黏虫、草地螟等多种病虫害发生面积大、暴发频率高、成灾风险大；南方水稻黑条矮缩病、玉米二点委夜蛾等新发病虫害相继在江南、华南稻区和黄淮海夏玉米主产区突发成灾，严重威胁农业生产和国家粮食安全，也使病虫测报工作面临更加严峻的形势，稍有松懈，就有可能出现因监测预警不到位而出现贻误防治时机的问题。

2.2 实施农药使用量零增行动，确保农产品数量、质量和生态环境安全给测报工作提出了更高的要求

近年来，随着我国经济社会的发展和消费水平的提高，城乡居民对食品安全的要求越来越高，不仅要吃得好，而且要求吃得安全。为此，2015年，农业部启动了"农药使用量零增长行动"，要求在有效控制病虫危害的基础上，减少农药用量，降低农药残留，提高农产品质量，满足城乡居民消费需求。为此，必须做到按预报结果和防治指标开展防治，减少不必要的预防和打保险药。这要求病虫测报工作不仅要做好中长期预报，而且要及时监测，做好短期预报，及时指导农户在最佳时机用药防治，提高防治效果，在控制病虫为害中发挥事半功倍的作用。

2.3 病虫测报体系面临队伍不稳、人员减少、条件落后、保障不力等问题，使测报工作面临前所未有的压力

据全国农业技术推广服务中心2015年对全国农作物病虫害测报网1030个区域站抽样调查，平均每个区域站仅有专职测报技术人员3.8人，比2000年减少30%左右。全国病虫测报区域站使用的虫情测报灯超过5年质保期的占47.5%，不能正常使用的占39.5%。由于工业化、城镇化的发展，年轻一代的测报人员本身不愿下田，加之公车改革，直接影响测报调查的及时性和准确性，势必造成重大病虫害漏查漏报，监测预警工作的形势将更加严峻。

3 加强测报体系建设的对策建议

会议认为，推进病虫测报体系建设和管理工作，必须高度重视、创新思路、明确重点，从多个层

面促进问题的逐步解决，不断加强病虫测报体系建设和管理工作。

3.1 加强宣传，在改革中不断增强病虫测报的公共植保地位

病虫测报是植物保护工作的基础，是"虫口夺粮"战役的侦察兵和情报员，具有基础性、公共性的地位，只有夯实监测预警基础，精准测报、科学防控，农药减量才能有的放矢、事半功倍。为此，必须加强测报工作重要性的宣传，争取各级领导对病虫测报工作的支持；要向社会开展宣传，通过各种媒体大力宣传病虫测报的地位和作用、扩大测报社会影响；要加强测报人员职业教育，进一步增强做好病虫测报工作的责任心和事业心，立足岗位，做出成绩，彰显测报工作的基础地位。

3.2 创新方式，不断探索加强测报体系建设的新途径

要配合有关项目管理部门，通过积极工作，争取植保工程等项目恢复建设；通过工程项目带动，力争在全国主要农业县（市）逐步建立功能完善的植保机构，主要农业乡镇农技推广机构有专人负责植保测报工作。要切实加强研究，通过争取资金支持、改善条件、提高待遇等途径，稳定测报队伍，确保基层县（市）植保机构至少配备专职测报人员2人以上（国家和省级区域站不少于3人）。通过大力开展测报技术培训，使广大测报技术人员更新知识，提高利用现代科技服务测报工作的水平。

3.3 加强技术研发，不断改善测报体系设施设备条件

病虫测报的信息化建设经过多年努力，取得了明显进展。今后，要在推广应用农作物重大病虫害数字化监测预警系统的基础上，探索开发重大病虫害模型预测功能和实时监控物联网，进一步完善系统的监测预警功能。要促进省级测报信息系统建设，推进县级植保数据库建设，推进全国各系统的联网，提高系统的使用效率。要不断加强测报设施装备建设。县级植保机构应逐步建设标准观测场，安装自动虫情测报灯、病菌孢子捕捉仪、田间小气候观测仪，以及农作物病虫害实时监控物联网等相关新型测报设备。同时，根据作物种植布局、生态类型等特点，每个县设立5～10个病虫害观测点，配备必要的监测设备和交通工具，不断提高病虫测报装备水平，减少测报调查盲点，增加调查监测的代表性。

3.4 加强考核管理，不断发挥区域站作用

病虫测报区域站是全国农业技术推广服务中心及省级植保站实施重大病虫害监测工作的重要基础，只有监测及时、数据完整才能提高监测预警的效果。今后，要进一步加强区域站考核管理，定期通报数据填报任务完成情况，并作为测报经费下达、工程项目建设等的主要依据。根据考核情况和病虫测报工作需要，定期调整和优化全国区域站结构，同时加强对区域站测报技术人员的培训，提高队伍素质，充分发挥全国区域站的作用。

3.5 开展体系调研，摸清体系建设现状

为全面掌握全国测报体系建设状况，及时反映测报体系建设中存在的问题，会议研究确定2016年下半年开展一次全国测报体系建设情况摸底调查，以进一步摸清当前测报体系建设在机构状况、人员队伍、设施条件、经费保障等方面的基本情况，提出有针对性的对策建议，不断促进测报体系的建设和发展。

---

* 全国农业技术推广服务中心文件农技植保〔2016〕31号。

做粮食生产安全的守护者
——2016年全国农业先进集体评选材料

进入21世纪以来，我国粮食生产实现了创历史的持续增产丰收，为国民经济的稳定发展做出了重要贡献。这一成绩凝结着全国所有农业工作者的心血与汗水。农业增产靠科技，防治病虫是关键，监测预警是前提。农业部有这样一个团队——全国农业技术推广服务中心病虫害测报处，他们怀着一种理想，肩负一种使命，以服务重大病虫防控为己任，以保障国家粮食安全为天职，坚持不懈地强化重大病虫害监测预警，为指导全国重大农作物病虫防控、减轻灾害损失，贡献了力量，付出了艰辛。他们是一支作风过硬、能力超群、能打硬仗的队伍，是粮食生产安全的忠实守护者。

图3-9　全国农业技术推广服务中心病虫害测报处荣获全国农业先进集体

精心组织，准确预报指导防控

近年来，由于气候异常，重大病虫害暴发成灾的几率明显增加，使得测报工作面临前所未有的风险与挑战。病虫害测报处精心策划，积极推进测报体系建设，增强全系统的责任感、紧迫感，指挥调度全国31个省份及全国1 030个测报区域站点"瞪大眼睛"，为粮食生产安全站岗放哨，发挥重大病虫害防控战役的侦查部队作用，确保不放过一个"敌人"。

每年在重大病虫害发生流行前，他们多次组织有关专家和测报技术人员召开趋势会商会，全面分析重大病虫害发生的基数、气候、栽培管理等影响因素，每年及时发布高质量的病虫预报30多期。而每次组织召开病虫发生趋势会商会，与会同志都要忙到深夜，反复分析研判各类数据结果，从而保证了预报的全面准确。2012年、2016年长江流域小麦赤霉病大流行，2014年长江流域稻瘟病大流行，他们都组织各级植保机构提前及时做出了预报，为指导广大农民开展防治发挥了重要作用。

为提高病虫害发生预报信息服务水平，他们实行了"移动办公法"——人到哪里，办公室就到哪里，无论是出差、开会，无论身在何处，只要有网络就可随时投入战斗。在农业生产的关键季节，常常是"5+2""白＋黑"的工作节奏。

构建平台，科学预报提升能力

从2008年起，全国农作物重大病虫害发生和防治信息实行周报制度，发生关键期还实行"一周三报""一周两报"，甚至"日报"制度，这是一项非常艰巨的任务。为做好这项工作，他们根据全国农业信息化和物联网建设规划，采用"总体规划、分步实施"的策略，逐步开发建成了全国农作物重大病虫害的数字化监测预警系统平台，实现了全国农作物重大病虫害发生信息采集规范化、传递网络化、处理自动化、预警实时化，从而使重大病虫害监测预警信息化建设走在了全国农业行业的前列，为深入开展全国农业监管信息化建设奠定了基础，提供了支撑。以系统建设应用为核心内容的多项科技成果先后获得2013年度全国农牧渔业丰收奖一等奖、2015年度中华农业科技奖二等奖等奖励。农业部办公厅、农业部市场经济与信息司、信息中心多次组织有关系统开发建设人员，现场考察植保系统信息化建设情况和功能，交流经验和做法。

为破解病虫信息调查采集和测报人手不足之间的难题，他们积极利用现代信息技术和物联网技术，与有关科研教学单位和企业协作攻关，大力开展新型测报工具的研究开发和推广应用工作。通过连续多年坚持不懈地努力，成功地研发和推广了"农作物病虫害实时监测物联网"，实现了随时随地通过网络设备实时监测农田小气候、作物长势，以及害虫、病菌的种类和数量；成功地研发和推广了"农作物病害实时预警系统"，实现了农作物病害的自动联网实时预测预警；成功地研发和推广了"重大农业害虫性诱实时监控系统"，实现了重大害虫的实时自动联网监测。

上述成绩的取得，为加快测报工具更新换代，推进病虫测报自动化、智能化、信息化奠定了基础，为实现"足不出户干测报"，深入推进现代植保体系建设，全面提高农作物重大病虫害监测预警与防控能力，保障国家粮食安全增加了技术储备。

创新方式，多元预报服务农民

病虫测报工作是植保工作的基石，测报人员就是病虫防控战役中的侦察兵。多年来，他们时刻保持业务敏感性，力求在病虫灾害暴发流行前或为害苗头刚出现时主动出击，敏锐地收集病虫信息，准确发布病虫情报，并以最快的方式，通过最广泛的渠道将病虫情报传递给广大农户，指导农民兄弟适期开展防治，将病虫灾害控制在萌芽阶段，保护作物少受损失。

为扩大重大病虫害预报信息覆盖面，他们在做好传统预报发布的基础上，大力探索广播、电视、手机、网络和明白纸"五位一体"的现代病虫预报发布新模式，通过与中央电视台一套（CCTV-1）、七套（CCTV-7）开展合作，建立"病虫测报"专用网站和手机彩信、微信发布平台，实现了重大病虫警报信息及时通过央视黄金时段"天气预报"栏目发布，重要的预报信息及时通过手机平台发布，全部的病虫预报信息及时通过专业网站和中央人民广播电台发布，从而打造了一个全方位的现代病虫预报服务体系，使预报信息进入千家万户，信息覆盖面和到位率大幅提高，在指导农户防治中真正发挥作用。

在农业部2012年度绩效管理创新项目评比中，他们参评的《探索电视—手机—网络"三位一体"病虫预报发布新模式》获得了农业部部属事业单位第一名。

团结奉献，拼搏进取能打硬仗

病虫害测报处处长刘万才同志是一位年富力强、责任感极强的中青年干部，为组织做好重大病虫测报工作，他每年都组织制定详细的工作方案，将工作落实到人，明确到月。工作中他坚持身先士卒、以身作则，把困难的工作、棘手的事情留给自己。多年来，他坚持每天提前1小时上班，干给大家看，带着大家干，不仅推动本处各项工作开展，还站在全国病虫害监测预警事业向着更好发展的全局高度，思考体系建设、行业发展等问题，并通过积极推动《农作物病虫害防治条例》出台、《植物保护工程建设规划》编制等途径予以改善。作为农业部信息平台开发建设专家组成员，他多次受邀参加农业部政务综合管理信息系统和决策服务系统建设项目的论证和咨询工作，为部里的信息化建设建言献策。

副处长姜玉英同志是一位从事测报工作30多年、经验丰富的测报专家，她对工作精益求精，经常为一个测报数据和有关人员反复核实，使预报准确率稳定在90%以上。黄冲、陆明红、刘杰和杨清坡等年轻同志学习能力强、工作热情高、业务进步快，分别在小麦、水稻、玉米和马铃薯等作物病虫害的测报工作中发挥了独当一面的作用。

在组织做好重大病虫害监测预警工作的基础上，他们还经常深入基层，开展病虫发生情况调查与技术指导。2016年春季我国小麦赤霉病在长江流域等麦区又一次大流行，刘万才、姜玉英等同志多次带队深入重灾区调查，核实灾情影响，指导防治工作开展。2012年8月，突如其来的黏虫在东北、华北部分地区暴发成灾，社会反响强烈。受部领导指派，刘万才同志紧急出发，陪同中央电视台《焦点访谈》记者深入重发区采访调研，由于工作全面仔细，获得了大量的第一手材料，客观反映了灾情的发生情况及当地政府防控工作，对一些虚假信息进行正面回应，节目播出后收到很好的效果。

他们的努力得到了大家的广泛认可，自2012年农业部实行绩效管理以来，他们已连续5年被评为全国农业技术推广服务中心绩效管理先进处室。这是领导和同志们对这一默默奉献集体的最大奖励。

重大测报技术研究项目
年度进展

转基因专项课题"农业生态风险监测与控制技术"
2016年度总结报告

"农业生态风险监测与控制技术"属农业部下达的"转基因生物新品种培育重大专项"课题，由中国农业科学院植物保护研究所主持，全国农业技术推广服务中心承担"抗虫棉花与抗虫玉米的农田风险区域性监测"专题。研究内容有：①在全国三大棉区开展棉花节肢动物种群系统监测；②研发玉米节肢动物监测技术；③在黄淮海和东北玉米主产区开展玉米节肢动物系统监测。2016年研究主要进展总结如下。

1 全国三大棉区开展棉花节肢动物种群系统监测

长江流域、黄河流域、西北内陆三大棉区13个棉花主产省110个区域站完成了棉铃虫模式报表填报，60个区域站完成了棉蚜、棉叶螨、棉盲蝽模式报表填报，10个区域站完成了棉红铃虫模式报表填报，积累了种群动态分析的第一手资料，同时为及时掌握虫情发生动态、做好全国预报提供了重要依据。2016年继续在黄淮、华北和东北利用高空测报灯进行棉铃虫等迁飞性害虫的联合监测，分析区域间种群变动规律，此灯具也为监测其他迁飞性害虫提供了重要技术手段。

2 盲蝽等棉田和玉米田昆虫灯诱效果研究

2.1 新疆棉区盲蝽等棉田昆虫灯诱效果研究

2016年在新疆沙湾、库车、麦盖提继续进行3#灯（418nm）、7#灯（506nm）、11#灯（572nm）和常规黑光灯盲蝽诱测试验。结果证明，四种灯具在沙湾和库车诱到了牧草盲蝽、苜蓿盲蝽，麦盖提诱到牧草盲蝽；沙湾牧草盲蝽比率为37%～50%，库车牧草盲蝽占比为94%～97%；观测期盲蝽合计数量，11#灯高于黑光灯，3#灯接近，7#灯低于黑光灯；合计盲蝽峰值，3#灯、11#灯效果与黑光灯接近，7#灯稍低。诱测棉铃虫和玉米螟数量，3#灯、11#灯与黑光灯接近，7#灯仅为黑光灯的一半；诱测草蛉数量，11#灯、3#灯高于或接近黑光灯，7#灯稍低；3#灯、7#灯、11#灯对3种地老虎诱测效果明显不如黑光灯。因此，4种灯具都可作为新疆盲蝽监测和防治的应用工具，诱测盲蝽应首选11#灯，其次是3#灯、普通黑光灯；作为棉花害虫诱测的通用工具，应首选诱测谱更广的普通黑光灯。

2.2 河北盲蝽等棉田昆虫灯诱效果研究

2016年在河北沧县完成绿光灯与12#灯（465nm）和黑光灯诱测盲蝽、二点委夜蛾、玉米螟等害虫效果比较。诱测盲蝽数量，绿光灯是黑光灯的7.6倍，12#灯（465nm）是黑光灯的6.3倍，即绿光灯诱测效果好于12#灯，两者显著好于黑光灯。诱测二点委夜蛾数量，绿光灯和12#灯分别是黑光灯的4.1倍和2.6倍；诱测玉米螟数量，绿光灯和12#灯分别比黑光灯增加33%和2%；诱测棉铃虫数量，绿光灯和12#灯分别比黑光灯减少26%和61%；诱测黏虫数量，绿光灯和12#灯分别比黑光灯减少18%和86%；诱测桃蛀螟、黄地老虎和小地老虎数量，绿光灯和12#灯比黑光灯减少72%～99%。可见，绿光灯和12#灯可作为绿盲蝽和二点委夜蛾监测的专用工具，减少其他非目标昆虫的干扰；黑光灯对桃蛀螟、黄地老虎和小地老虎的诱集效果较好，因此，实际测报工作中，以棉铃虫为主要监测对象的这三种灯都可以；以玉米螟、二点委夜蛾和绿盲蝽为主要监测对象建议选用绿光灯或12#灯；以桃蛀螟为主要监测对象建议选用黑光灯。

2.3 棉铃虫新型性诱电子智能测报系统效果试验

河北安新县、新疆库车和沙湾进行了性诱电子智能测报系统诱测棉铃虫等害虫效果试验。安新县试验结果表明，专一性较好，能反映田间虫量的消长变化情况；但诱捕器自动计数系统与人工计数之间存在明显差异，自动计数系统不能真实反映实际诱蛾量，数据传输系统存在不稳定现象，整个智能测报系统的准确性、稳定性有待于进一步改进。新疆库车和沙湾前期试验发现水滴等导致重复计数等问题，研发企业对设备进行改进，后期诱测效果较好。

3 烟粉虱和盲蝽测报技术标准的宣贯

《盲蝽测报技术规范 第1部分：棉花》（NY/T 2163.1—2016）、《盲蝽测报技术规范 第2部分：果树》（NY/T 2163.2—2016）、《盲蝽测报技术规范 第3部分：茶树》（NY/T 2163.3—2016）、《盲蝽测报技术规范 第4部分：苜蓿》（NY/T 2163.4—2016）和《烟粉虱测报技术规范》（NY/T 2950—2016）等5个农业行业标准于2015年12月提交农业部，2016年10月发布。2016年利用网站等渠道进行宣传，并在全国和新疆、山东、湖北等省病虫测报培训班上进行内容讲解，使基层测报技术人员对发生程度分级指标，调查工具，系统调查、普查和预报方法等主要内容有较为全面和准确地把握，推动了以上标准在生产中的应用，加快了棉花病虫害测报技术标准化进程。

4 棉花病虫草害识别与控制信息系统软件开发

棉花病虫草害识别与控制信息系统立足于棉花种植者和基层农技推广人员的使用，包含棉花虫害、病害、草害、药害、生理性病害的图片知识库和文字知识库，可实现知识查询、鉴别诊断、在线专家会诊和数据的上报下发，可在线、离线使用。系统于2016年12月完成试运行测试，争取2017年进行验收，随后推广应用。

5 新疆棉花玉米病虫识别与监控技术培训

全国农业技术推广服务中心与中国农科院植保所于8月23～27日联合开展了新疆棉花、玉米病虫调查和田间技术指导，并成功举办了病虫识别与监控技术培训班。培训班采取专家在田间实地培训和室内授课培训相结合的方式进行。专家指导组一行实地调查了库尔勒市和奇台县棉花、玉米病虫害发生为害情况，观摩了新型测报工具示范现场，并在田间现场给自治区和兵团植保体系的基层人员讲解了病虫症状识别和防治技术等实用知识。随后在奇台县进行了集中病虫识别和监控技术培训，分棉花病虫害专题、玉米病虫害专题和测报技术专题进行讲解，重点传授了病虫害识别、病虫害测报和防治技术、农业科技论文写作等内容，并现场解答了学员疑问。14位专家对110名学员进行了授课、培训。活动的开展有助于提高当地农作物病虫害监测与防控技术，受到当地农业部门、基层技术人员的高度赞扬。

（执笔人：姜玉英）

"黏虫监控技术研究与示范"
2016年度研究报告

黏虫（*Mythimna separata* Walker）是我国农业上最重要的害虫之一。受作物种植结构、气候和农田生境等因素的影响，我国60年间黏虫在发生区域、主要为害作物和发生代次等方面发生明显变化；由于黏虫具有的远距离迁飞性、适生区域广泛性和种群聚集发生为害性，给生产上进行实时监测和准确预报带来了很大困难。因此，深入探索黏虫发生为害规律、选择诱测效果高的监测工具是解决黏虫测报问题的关键。按照公益性行业项目"黏虫综合防治技术研究与示范"任务要求，2016年全国农业技术推广服务中心在25个省（自治区、直辖市）27个县（市、区）安排了37个高空测报灯观测点，监测了黏虫成虫全年北迁南回的种群发生动态，结合地面黑光灯诱测和人工普查结果，总结出黏虫北迁南回周年发生代次、发生区域和发生时间，对深入分析全国各区域发生规律和区域间虫源相关性，指导做好黏虫的准确预报提供了重要依据。

1 材料与方法

1.1 试验工具

高空测报灯为1 000 W卤化物灯，由探照灯、镇流器、漏斗和支架等部件组成，按要求进行安装、使用和管理。灯具安装在四周有围墙的观测场内，要求其周无高大建筑物、强光源干扰和树木遮挡，最好设在楼顶、高台等相对开阔处；有220V交流电源条件。黑光灯按常规方法设置。

1.2 试验地点

在华南、江南、西南、长江中下游、黄淮、华北、西北、东北等黏虫发生区域的25个省（自治区、直辖市）建立了27个高空测报灯观测点（名单见表4-1），东北4个省5个观测点设置3台灯，其他22个点1台灯，共计37台灯。

表4-1　2016年高空测报灯设置地点和观测时间

地　区	观测点（纬度）	观测时间（月／日）
华南、江南	广西壮族自治区河池市宜州市（24.50°N）	1/1～12/31
	广东省梅州市蕉岭县（24.67°N）	1/1～4/30，9/1～12/31
	江西省吉安市万安县（26.47°N）	1/1～2/29，11/1～12/31
	福建省宁德市霞浦县（26.88°N）	1/1～2/29，9/1～11/30
	湖南省怀化市芷江县（27.45°N）	1/1～4/30，9/1～11/30
西南	云南省临沧市凤庆县（24.58°N）	3/1～8/31
	贵州省毕节市赫章县（27.13°N）	1/1～12/31
	重庆市丰都县（29.87°N）	3/1～4/30，8/1～31
	四川省绵阳市安县（31.64°N）	1/1～9/18
长江中下游	浙江省宁波市象山县（29.48°N）	2/1～5/31，8/1～10/31
	湖北省潜江市（30.26°N）	3/1～10/31
	上海市奉贤区（30.92°N）	2/1～10/31
	安徽省淮南市凤台县（32.70°N）	3/1～10/31
	江苏省盐城市东台市（32.85°N）	3/1～10/31

（续）

地 区	观测点（纬度）	观测时间（月/日）
黄淮	河南省焦作市孟州市（35.24°N）	3/25 ～ 8/31
	山西省运城市万荣县（35.36°N）	4/1 ～ 10/20
	山东省烟台市莱州市（37.82°N）	5/1 ～ 10/31
	山东省烟台市长岛县*（37.91°N）	4/1 ～ 10/31
西北	甘肃省平凉市庄浪县（35.20°N）	5/1 ～ 9/30
华北	天津市宝坻区（39.24°N）	5/1 ～ 7/14
	河北省唐山市滦县（39.75°N）	5/1 ～ 10/31
东北	辽宁省阜新市彰武县（42.42°N）	3/30 ～ 9/30
	内蒙古通辽市科尔沁区（44.13°N）	4/20 ～ 9/30
	吉林省松原市长岭县（44.30°N）	4/1 ～ 9/30
	黑龙江省哈尔滨市双城市（45.53°N）	3/25 ～ 9/30
	黑龙江佳木斯市富锦县（47.25°N）	4/21 ～ 7/31

* 为中国农科院植物保护研究所雷达观测站。

1.3 观测方法

根据黏虫发生规律规定观测期（具体时间见表4-1）。在观测期内，逐日记载高空测报灯诱集黏虫的雌、雄成虫数量。虫量大时可混合均匀，取等分计数，估计总虫数。单日诱虫量出现突增至突减之间的日期，记为发生盛发期。同时观测降雨、风力和月亮等天气现象的强度，强度均按强、中、弱进行记载。

1.4 虫情传输

依诱虫量情况适时报送信息（原始记载表），虫量低时可每月月底上报，虫量高峰期每周即时上报。

2 结果

2.1 黏虫全年种群动态

2.1.1 越冬代成虫

2016年华南、江南、西南9个县点观测了1～2月黏虫发生数量，广西宜州、广东蕉岭、福建霞浦、江西万安、贵州赫章、上海奉贤6个点见虫，四川安县和湖南芷江未见虫（表4-2）。其中，1月广西宜州、贵州赫章、江西万安、福建霞浦诱虫量分别为10、8、4、1头，贵州赫章、广西宜州于1月2日和28日均诱虫3头，为1、2月的最高值；2月广西宜州、广东蕉岭、福建霞浦、上海奉贤仅诱到1头虫。

度过冬季后的3月，范围明显和见虫量扩增，偏南的广东蕉岭、湖南芷江、云南凤庆诱虫量仅为1～3头，广西宜州诱虫量增加至18头；西南地区的四川安县、贵州赫章诱虫量高达152头和39头；长江中下游的浙江象山、上海奉贤、湖北潜江、江苏东台也见到数十至近百头的虫量。4月，湖南芷江、云南凤庆虫量增加，四川安县、贵州赫章有所减少，长江中下游的浙江象山、上海奉贤、湖北潜江、江苏东台4个点虫量显著增加，而纬度较低的广东蕉岭仅诱1头虫、广西宜州无虫，可见黏虫越冬后北迁至长江中下游，黄淮地区的山东长岛、山西万荣等地也见到一定数量，东北地区的辽宁彰武和黑龙江双城诱到1～3头。

从发生时间看（图4-1），3月1～26日，除湖北潜江在17日出现一16头的峰日外，其他点虫量都在7头以下。而在3月下旬末至4月中旬，四川安县、贵州赫章、江苏东台出现长短不一的盛发期，如四川安县3月27日至4月4日9d累计诱虫147头，3月30日峰日虫量为66头；贵州赫章于3月25～30日也现盛发期，诱虫量为24头，3月28日峰日虫量为7头；江苏东台盛发期为3月28日至4月1日，累计诱虫量为106头，随后又于4月7～18日、4月23日至5月2日再现盛期；湖北潜江也是诱虫量较高的点，4月2日峰日虫量为29头。可见，2016年越冬代成虫数量不是太高、但持续时间较长。

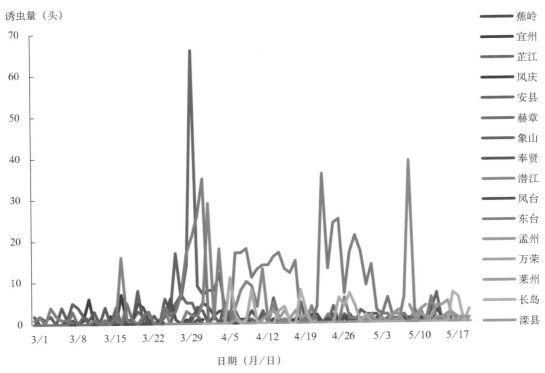

图4-1　2016年南方观测点越冬代黏虫诱测情况

2.1.2　一代成虫

　　一代成虫是2016年发生范围最广、见虫数量最高的一代，长江中下游、西南、黄淮、华北、西北和东北等地均见虫（表4-2）。5月下旬至6月下旬为一代成虫发生期，虫量最高的是山东长岛，累计诱虫量为1 202头，河南孟州为295头，上海奉贤和湖北潜江约为200头，山东莱州和河北滦县为160头，辽宁彰武见虫130头，四川安县、贵州赫章、江苏东台和山西万荣为100头左右，甘肃庄浪、天津宝坻、安徽凤台虫量在10～40头，广西宜州和浙江象山仅见1、2头虫（表4-2）。

　　5月下旬末至6月中旬长江中下游、西南、黄淮、华北和东北部分观测点监测到一代成虫发生盛期（图4-2）。盛期最早出现的点是上海奉贤、山东长岛和四川安县，数量最高的是上海奉贤，5月27～30日累计虫量170头，5月30日峰值达64头；山东长岛5月26～28日盛发期虫量为66头，5月28日虫量为32头；四川安县5月29日出现一14头的峰日。江苏东台、湖北潜江、贵州赫章、河南孟州、山东长岛、山东莱州、河北滦县等观测点盛发期出现在6月上旬。历期最长的是山东长岛，6月1～16日累计虫量达1 040头，6月11日峰值达138头，为全年各监测点的最高值；其次是河南孟州，6月1～9日累计诱虫量为166头，6月5日峰值为36头，6月24～30日又见一盛期，累计虫量为78头；江苏东台盛发期为6月1～9日，累计诱虫量为69头，6月5日峰值为19头；湖北潜江于6月3日和6月7日分别现80多头的虫峰，但未见连续的盛发期；山东莱州、山西万荣、河北滦县盛发期稍晚，虫量相对较低，河北滦县6月8日最高虫量为20头。辽宁彰武6月5～9日见一累计诱虫量为55头的盛期，6月7日和9日最高虫量为15头，天津宝坻、甘肃庄浪、内蒙古科尔沁、吉林长岭、黑龙江双城和富锦见虫量都在5头以下，无明显的发生盛期。

2.1.3　二代成虫

7月初至8月上旬是二代成虫发生期，黄淮地区的河南孟州、山东莱州和山西万荣3个点见虫量相对较高，为370～410多头；其次是山东长岛和河北滦县，分别为170、190多头；内蒙古科尔沁、吉林长岭、辽宁彰武、黑龙江双城诱虫量为20～40头；四川安县、贵州赫章和上海奉贤为14～24头；湖北潜江、江苏东台、安徽凤台、天津宝坻、甘肃庄浪和黑龙江富锦在10头以下。

发生时期，河南孟州自6月25日起，持续维持较高虫量至7月16日，7月11日虫量达126头，是二代成虫单日虫量最高的点，也是继山东长岛一代成虫最高虫量138头的次高值，峰值第三高的是山东莱州，7月4日虫量为101头。山西万荣7月7～22日为盛发期，持续天数仅次于河南孟州（前期6月20日至7月3日关灯，此阶段数据缺失），7月20日峰值为39头；山东长岛和河北滦县在7月下旬末至8月初见一周左右的盛发期，但虫量低于前三个点，分别于8月1日、7月30日见17头和13头的峰值。吉林长岭7月22日见虫15头，东北其他点、长江中下游、江南等点虫量不足10头（图4-2）。

2.1.4　三代成虫

8月中旬至9月下旬是三代成虫发生期，山东莱州、山东长岛和山西万荣等黄淮地区诱虫量分别为410、280、150余头，是虫量最高的地区；长江中下游虫量次之，湖北潜江、江苏东台约为200头；上海奉贤、安徽凤台分别为90头和30余头；西南的四川安县为110余头；华北的河北滦县为80余头；西北和东北仅辽宁彰武诱到几头，其他5点未见虫。

三代成虫发生期（图4-2），山西万荣自8月7日即开始盛发，一直持续至8月17日，是三代成虫发生最早的观测点；山东长岛、山东莱州、江苏东台、湖北潜江、上海奉贤和四川安县等观测点盛发期出现在8月25日至9月上旬期间，其中，湖北潜江、山东长岛分别于8月29日、9月1日和6日见40余头峰日，是三代成虫单日最高值。

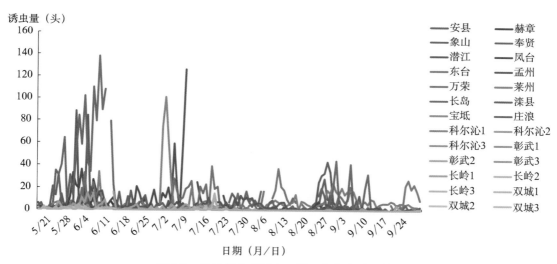

图4-2　2016年各观测点一至四代黏虫诱测情况

2.1.5　四至六代成虫

10月，黄淮、长江中下游、西南、江南和华南地区均有见虫点（表4-2、图4-3）。黄淮地区在10月上、中旬诱虫较多，以山东长岛诱虫量最大，月累计诱虫量为85头，10月19日诱虫量达18头；长江中下游各点见虫量少、日期分散；贵州赫章仅见2头虫；江西万安是诱虫量次高的点，全月诱虫量为43头，10月21～25日出现一累计诱虫量27头的盛发期。

11月，华南、江南和西南6个点见虫（表4-2、图4-3）。江西万安虫量最高，月累计虫量为284头，11～22日现一明显的盛发期，盛发期虫量达229头，22日虫量为28头；福建霞浦、湖南芷江、贵州赫章、广西宜州诱虫量较低，无明显盛期，前四点峰值虫量仅为5～6头。

12月，江西万安、贵州赫章、广西宜州见虫，诱虫量最大的江西万安分别于11月底至12月初、

12月中旬末呈盛发状态，12月6日、19日出现22头、18头的峰日；虫量较低的贵州赫章和广西宜州无盛发期，峰值虫量仅为3～4头。

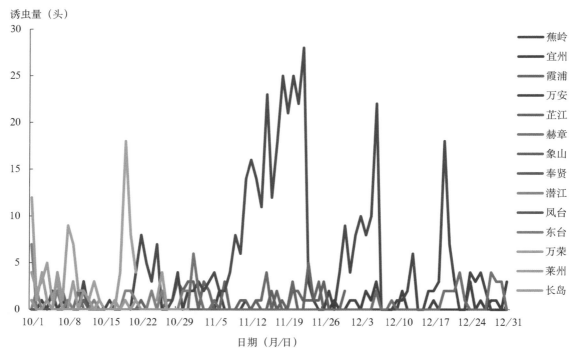

图4-3　2016年南方观测点四至六代黏虫诱测情况

2.2　代表区域种群动态

2.2.1　广西宜州

广西宜州2016年进行了全年365d的系统观测，1月、3月、12月累计诱虫量分别为10、18和20头，4月未见虫，其他8个月在5头以下（表4-2）；3月11日和17日诱虫量分别为6头、7头，为全年的峰值（图4-4）。可见，华南地区是黏虫的越冬区，起保留种群的作用。

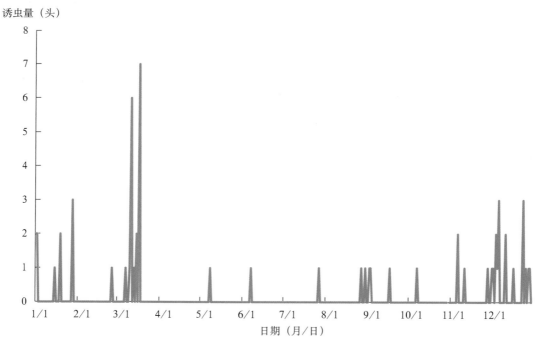

图4-4　2016年广西宜州观测点黏虫诱测情况

2.2.2　贵州赫章

贵州赫章2016年进行了全年365天的系统观测，3月、6月、7月、12月累计诱虫量分别为39、90、13头和24头，2月未见虫，其他7个月在9头以下（表4-2）；6月9日诱虫量为27头，为全年的峰值（图4-5）。可见，当地是越冬黏虫和一代成虫发生区。

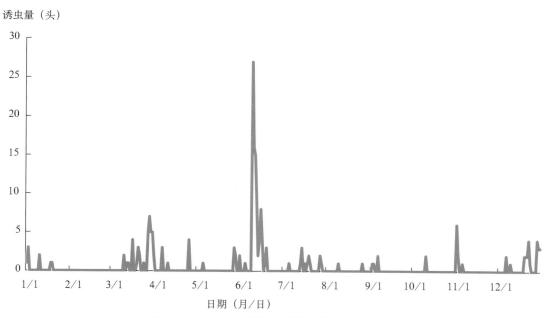

图4-5　2016年贵州赫章观测点黏虫诱测情况

2.2.3　长江中下游点

上海奉贤、湖北潜江和江苏东台2016年2～10月观测了黏虫成虫发生情况（表4-2）。3月即开始发生，4月上旬至5月上旬为越冬代成虫发生盛期，5月下旬末至6月上旬又见一发生高峰，上海奉贤、湖北潜江峰值远高于前一盛期；8月下旬末至9月上旬，三点又出现了第三个盛发期，江苏东台于9月下旬再见一盛期；而期间6月中旬至8月中旬虫量低水平发生，单日虫量低于10头，多在3头以下（图4-6）。

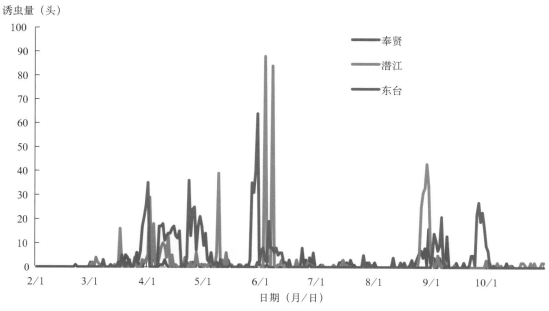

图4-6　2016年长江中下游观测点黏虫诱测情况

2.2.4　东北地区

内蒙古科尔沁、辽宁彰武、吉林长岭、黑龙江双城4～9月观测了一至三代成虫发生情况（表4-2）。四点发生期主要为5月5日至7月21日之间，其中辽宁彰武分别于6月7日、9日和16日诱虫15头、16头，吉林长岭于7月21日诱虫15头，为四点12台灯全年的峰值（图4-7）。黑龙江富锦4月21日至7月31日三台灯仅在7月9日诱1头雄虫。辽宁彰武仍是位于东六镇的2号灯虫量最高，与2015年结果一致。

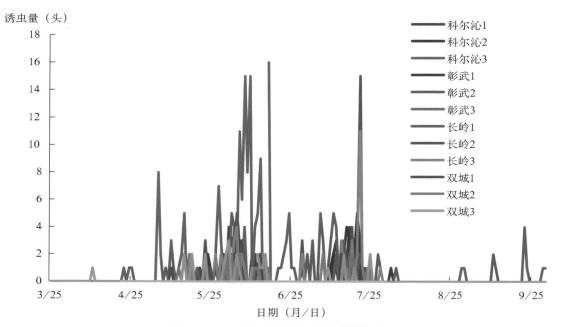

图4-7　2016年东北观测点黏虫诱测情况

表4-2　2016年各观测点黏虫诱虫量

月份	1	2	3	4	5/上、中	5/下	6	7	8/上	8/中、下	9	10	11	12
宜州	10	1	18	0	1	0	1	1	0	2	3	1	4	20
蕉岭	0	1	3	0	—	—	—	—	—	—	0	0	0	0
凤庆	—	—	1	14	13	10	13	0	0	0	0	—	—	—
万安	1	0	—	—	—	—	—	—	—	—	43	284	120	
霞浦	4	1	—	—	—	—	—	—	—	14	17	31		
赫章	8	0	39	8	1	7	90	13	1	1	4	2	9	24
芷江	0	0	1	18	—	—	—	—	—	—	—	19	0	
象山	—	0	16	17	0	2	—	—	0	0	0	0	—	—
潜江	—	—	39	122	62	4	195	6	0	179	21	20		
奉贤	—	1	28	33	8	177	27	20	2	62	31	3		
安县	0	0	152	55	17	30	69	19	5	87	27			
凤台	—	—	2	2	1	4	10	1	3	31	6	0		
东台	—	—	97	377	43	3	91	8	0	3	199	8		
孟州	—	—	—	1	2	16	279	409	4	3	—	—		
万荣	—	—	18	18	11	100	311	66	141	15	2			
莱州	—	—	13	30	130	369	42	159	252	31				
长岛	—	—	61	18	92	1 110	101	73	91	190	85	—		

(续)

月份	1	2	3	4	5/上、中	5/下	6	7	8/上	8/中、下	9	10	11	12
滦县	—	—	—	—	33	13	154	139	58	50	35	6	—	—
宝坻	—	—	—	—	0	0	10	9	—	—	—	—	—	—
庄浪	—	—	—	—	0	7	27	6	2	0	0	—	—	—
科尔沁1	—	—	—	0	0	3	23	18	0	0	0	—	—	—
科尔沁2	—	—	—	0	0	6	8	24	0	0	0	—	—	—
科尔沁3	—	—	—	0	0	1	11	4	0	0	0	—	—	—
彰武1	—	—	—	0	0	2	7	0	1	0	0	—	—	—
彰武2	—	—	—	3	25	13	118	35	1	2	7	—	—	—
彰武3	—	—	—	0	0	0	0	2	0	0	0	—	—	—
长岭1	—	—	—	0	0	2	3	6	0	0	3	—	—	—
长岭2	—	—	—	0	0	3	15	26	0	0	0	—	—	—
长岭3	—	—	—	0	0	6	16	31	0	0	0	—	—	—
双城1	—	—	—	1	1	4	6	4	0	0	0	—	—	—
双城2	—	—	—	1	3	3	7	4	0	0	0	—	—	—
双城3	—	—	—	1	4	5	13	5	0	0	0	—	—	—
富锦1	—	—	—	0	0	0	0	0	—	—	—	—	—	—
富锦2	—	—	—	0	0	0	0	0	—	—	—	—	—	—
富锦3	—	—	—	0	0	0	0	0	—	—	—	—	—	—

2.3　黏虫幼虫发生情况

2016年黏虫发生面积为333.67万hm²，玉米、小麦、水稻和其他粮作分别为238.97、64.68、18.8、11.22万hm²。一代黏虫在长江中下游、江淮、黄淮麦区有虫面积为49.5万hm²，比2015年减少3成多；二代黏虫全国发生190.27万hm²，比2015年减少38%，比重发的2012—2013年平均值减少70%，华北和黄淮地区偏轻发生，东北地区轻发生；三代黏虫全国共发生90.8万hm²，是近几年发生面积最小的一年，在华北、东北地区总体为害程度轻于2012—2015年，但黄淮局部虫口密度高，陕西、河南、山西省共发生10万hm²，以三省交界区域近0.7万hm²发生较重，重发地块集中在陕西渭南、西安、咸阳，河南洛阳、三门峡，山西运城，个别严重田块玉米叶片被吃光成丝状，内蒙古鄂尔多斯的部分玉米和谷子田也出现高密度田片。

3　研究进展

3.1　越冬区域

2014—2016年华南、江南、西南和长江中下游12个省份的12个县观测了冬季12月至翌年2月或部分时段黏虫发生数量。冬季12月至翌年2月，四川安县、湖北潜江未诱到黏虫，其他10个县见虫，月诱虫量一般在30头以下。12月虫量，江西万安、广西宜州、福建霞浦、贵州赫章超过20头，湖南芷江、广东蕉岭为10 头以下；1月虫量，江西万安、广西宜州超过20头，福建霞浦、贵州赫章在10头以下，湖南芷江未见虫；2月虫量，广西宜州、云南凤庆近30头，浙江象山、湖南芷江为10头以上，广东蕉岭、福建霞浦、上海奉贤、江苏东台为1～5头。峰日虫量（峰值），广西宜州、福建霞浦、云南凤庆在10头上下，广东蕉岭、江西万安、湖南芷江、贵州赫章、浙江象山为3～5头，上海奉贤、江苏东台为1～2头。广西宜州2015年1月13～20日、2月10～14日分别出现累计虫量分别为

19头、26头的盛发期，云南凤庆2015年2月26日始也明显出现盛发期，浙江象山2015年2月25 ~ 27日出现日诱虫量2 ~ 4头的盛发期。可见，30°N以南的8个点冬季都见虫，其中以28°N以南的点虫量较多，位置最南的两个点广西宜州（24.50°N）、云南凤庆（24.58°N）数量最多，30°N以北的上海奉贤（30.92°N）、江苏东台（32.85°N）可见少量虫。

3.2 迁飞路径

2014—2016年浙江象山、上海奉贤和江苏东台观测了春季3 ~ 5月北迁和夏秋季南回的情况。其中，浙江象山虫量3 ~ 4月高于9 ~ 10月（5月和8月虫量极小），2014年、2015年3 ~ 4月累计虫量分别为76头、156头，分别是9 ~ 10月累计虫量的19倍和2.1倍；2016年3 ~ 4月累计虫量33头，而8 ~ 10月未诱到虫。上海奉贤，3月虫量较少，2014—2016年低于30头；4月，2014年虫量增加10多倍，而2015、2016年与3月接近，5月虫量增加4倍以上；3年8 ~ 9月虫量较高，10月有一定虫量，2014年和2016年3 ~ 5月虫量是8 ~ 10月的2倍以上，而2015年8 ~ 10月是3 ~ 5月的3倍。江苏东台2014年3、4月分别诱到5 000和3 000头虫，而8月仅见2头虫；2015年3、4月见虫在2 000头和1 000头以上，是9 ~ 10月的8倍；2016年3、4月见虫近97头和377头，是9 ~ 10月的2.3倍。可见，以上三点是黏虫春季北迁和秋季南回的重要通道，不同地点和同一地点不同年份北迁和南回作用大小表现不一，其原因可能与虫源量大小相关。

3.3 异地预报

2014—2016年，利用高空测报灯观测数据进行长、中、短期发生趋势的探索。根据秋季黏虫由北方逐步迁回至长江中下游、江南和华南地区时期的诱虫量，考虑华南冬季、翌年发生区气温和降水条件，做出全年发生面积和区域的长期趋势预测。第一代、第二代和第三代预测，是分别于4月中旬、6月中旬、7月中旬前做出的发生面积、发生区域和重发区域的中期发生预报，每年根据盛发期早晚时间做出一定调整，三年的实践证明是可行的。通过实践，也确定了一些代表性强的观测点，如江苏东台是长江中下游地区越冬代成虫诱虫量最多的点，分别在3月中旬至4月初出现盛发期，2014—2016年累计虫量分别为6 943头、2 324头和115头，分别于3月29日、3月30日和4月1日见峰日，虫量分别为1 706头、538头和35头，累计虫量和峰日虫量表现出一致的趋势，而2014、2015年全国一代黏虫发生面积分别为85.2万hm²、40.6万hm²，可见虫量与发生面积具较高的相关性。一代和二代成虫发生区域和发生数量也基本反映了二、三代黏虫幼虫的发生区域和发生程度，山东莱州、河南孟州、山西万荣对预报黄淮地区发生情况，河北滦县、天津宝坻和北京延庆预报华北地区发生情况具有较好的指导性，辽宁彰武、内蒙古科尔沁、吉林长岭、黑龙江双城和富锦预报东北地区二、三代黏虫发生也具有较好的指导性，尤其是每点设置3台灯后，可更全面地反映当地虫源的分布和密度，提高了预报的针对性和准确性。对各期预报质量评估分析，出现误差的原因，一是出现监测盲点，如陕西省设置的灯具未保证正常运行，导致2016年关中一带的高密度未得以准确预报；二是气候的影响，如2016年1月21 ~ 25日，我国大部分地区遭受寒潮天气，江淮东部、江南东部、华南南部及云南东部等地部分地区最大降温幅度达12 ~ 18℃，局部超过18℃，气温0℃线南压到华南中部一带，偏南位置历史少见，对黏虫越冬造成不利影响，虫源量大幅下降，从而导致2016年黏虫种群下降、为害程度降低。

（执笔人：姜玉英）

2016年中越水稻迁飞性害虫监测与防治合作项目总结

1 项目基本情况

水稻迁飞性害虫（稻飞虱、稻纵卷叶螟，简称"两迁"害虫）是危害我国水稻生产的主要害虫，具有远距离跨境迁飞的特性。因此，及时、准确掌握越南等水稻迁飞性害虫虫源国家水稻迁飞性害虫发生和防治动态，对提高我国迁飞性害虫监测预警的早期预见性和综合防控能力意义重大。在中华人民共和国农业部国际合作司的重视和支持下，中国农业部和越南农业农村发展部于2010年正式启动中越水稻迁飞性害虫防治合作项目。其中，中方项目承担单位农业部全国农业技术推广服务中心，越方项目承担单位为越南农业农村发展部植物保护局。2016年，农业部国际合作司和财务司共批复全国农业技术推广服务中心该项目经费30万元，实际支出30万元，经费执行率为100%。项目实施期间，双方单位加强沟通、密切合作，加强双边水稻病虫害发生信息及测报防治技术的交流，项目进展顺利，取得了显著成效。

2 2016年开展的主要工作

2.1 制定方案，开展合作

根据中越《协议》内容，2016年3月，全国农业技术推广服务中心与越南农业部植物保护局协商，制定了"2016年中越水稻迁飞性害虫防治合作项目工作方案"，上报国际合作司批准，为2016年项目的顺利开展奠定了基础。

2.2 援赠越方专用设备，增建联合监测点

为支持越南植保部门搞好病虫害监测工作，2016年项目援赠越南联合监测点测报专用设备4套，主要包括虫情测报灯、体视显微镜、病虫测报专用工具箱等设备，均已按期通过口岸转交越方。

2.3 派团赴越开展调查交流

2016年4月24～29日，全国农业技术推广服务中心测报处刘万才处长带领6人组成的考察团赴越进行水稻田间病虫害调查，了解了今年春季越南水稻迁飞性害虫的发生情况，分析了其对我国今年发生的影响，并与越方项目合作单位就今年的计划进行了对接，开展了技术交流和讨论。

2.4 接待越方交流考察团

2016年9月26～30日，接待越南农业和农村发展部植物保护局Ho Dang Cu为团长的代表团一行4人，赴云南、陕西考察交流2016年水稻病虫害发生、专业化统防统治和绿色防控示范点，并就项目实施进展进行总结，对下一步工作开展了交流和研讨，进一步促进了双边合作。

2.5 虫情信息交流

按照项目合作协议，中越双方各四个项目联合监测点继续按照双方制定的"两迁"害虫调查方法定期开展虫情调查，中方5～9月、越方2～6月，每两周按时交流虫情信息1次。

3 取得的成效和经验

3.1 取得的成效

项目实施以来，通过中越双方的共同努力，项目取得了显著的进展和成效，完成了预期成果：

一是明确了水稻迁飞性害虫跨境往返迁飞危害的发生规律和虫源关系。

中国和越南互为虫源地，两国害虫发生关系密切。每年3～4月，越南中北部冬春稻上的水稻迁飞性害虫随着水稻的黄熟和东亚季风逐步北迁，成为中国华南地区主要的初始虫源；9～10月，随着中国长江流域及以南稻区水稻的成熟，伴随西北季风，大量的害虫南迁，又成为越南中北部广大稻区的外来虫源。这一规律的阐明为提高两国水稻迁飞性害虫的监测和治理水平奠定了良好基础。

二是明确了南方水稻黑条矮缩病随白背飞虱跨境传播危害的大区流行规律。

南方水稻黑条矮缩病是近年新发现的一个病毒新种，它是由白背飞虱携毒并在中国南方稻区和越南中北部等稻区跨境传播、大范围流行危害的病毒病。在该项目的支持下，双方通过交换病害发生信息，并开展实地调查，研究明确了该病害的大区流行规律，为提高该病害的监测与治理水平奠定了基础。

三是建立了水稻迁飞性害虫发生信息交流交换机制。

通过实施该项目，双方每年在水稻迁飞性害虫发生关键时期，定期交换迁飞性害虫及其传播的病毒病的发生信息，为各自及时掌握对方（虫源地）的发生情况，提高病虫害监测预警的早期预见性和防控指导的科学性发挥了重要作用。

四是促进了水稻病虫害监测预警和防控技术进步。

通过实施该项目，双方每年定期互派专家技术人员实地考察和交流研讨水稻迁飞性害虫发生情况及监测预警与防控技术，相互学习对方的先进经验，并定期交流、交换病虫害的发生信息，对于促进水稻重大病虫害监测预警和防控技术进步，提高综合治理水平，减轻病虫灾害损失和保障粮食丰收具有重要意义。

3.2 主要经验

一是注重预算，细化方案。项目开展前，全国农业技术推广服务中心根据农业部国际合作司和财务司要求，积极主动做好项目预算工作，各项预算都是结合业务工作，充分考虑越方建议后制定的。同时，年初制定项目合作方案，细化合作内容，将每项工作分解到具体时间、地点和人员，切实保障了项目的有序开展。

二是充分交流，推进合作。项目执行期间，中越两国定期交流水稻病虫发生防控情况，为提高两国迁飞性害虫监测预警的早期预见性和综合防控能力起到了积极作用；同时，互派专家考察交流水稻病虫害测报技术，考察期间通过举办培训班、现场培训等形式加强项目合作点技术人员对水稻病虫害测报新技术、新工具的应用，提高水稻病虫害的监测预警能力，保障项目可持续健康发展。

三是及时总结，确保实效。为确保项目取得实效，中越两国每年年底召开项目年度工作会议，及时总结项目成果，并针对项目中存在的问题进行深入讨论、分析，提出解决方案，确保项目下一年能顺利实施；同时，协商讨论下一年合作计划，总体方案达成共识，为下一年预算及方案细化打好基础。

4 存在的问题及改进建议

4.1 联合监测点偏少，建议加强合作力度

越南每年水稻种植面积近0.08亿hm^2，相当于我国每年水稻总面积的27%，2010年项目实施以来，虽然中方陆续援赠越方监测设备12套，但由于缺乏配套经费，加上设备更新，建立的联合虫情监测点仅有8个，对于广大的越南稻区来讲，明显偏少，影响监测和研究的效果。建议加强合作力度，增加

联合监测点，提高监测数据代表性，增强项目实效。

4.2　项目经费少，执行不灵活，建议加大资金投入

限于项目经费不足，项目在监测点建设、技术培训、实施规模等方面都比较小，建议加大资金投入，改进资助方式，每年除给越方提供必要的监测设备外，可资助越方农业农村发展部部分项目经费，用以补助当地植保技术人员开展调查监测工作，提高项目实施效果。

4.3　信息共享不够，利用效率低，建议建立信息共享平台

当前农业信息化水平不断提高，我国在农作物重大病虫害数字化信息系统建设方面也取得了显著进展，但双方信息交流仍以邮件、电话的方式互通信息，一定程度上影响了合作效率。建议增加项目资金，联合建立一个病虫害信息共享平台，以进一步提高信息交流的及时性，并积累两国水稻病虫发生防控数据，为项目持续深入合作打下基础。

（执笔人：陆明红）

2016年中韩水稻迁飞性害虫与病毒病监测合作项目工作总结

1 项目背景

稻飞虱和稻纵卷叶螟是东亚和东南亚水稻主产区最主要的害虫，具有远距离跨境迁飞的特性，每年随季风在各国间北迁南回。我国与韩国害虫发生具有密切关系，开展中韩两国间水稻迁飞性害虫发生信息交流和监测预警技术合作，对有效控制害虫为害和做好早期预警具有重要意义。2016年，在中韩两国农（林）业部的高度重视和支持下，我中心与韩国农村振兴厅通过监测点管理、专家互访、病虫情交流、召开国际研讨会等方式加强沟通、密切合作，项目进展顺利，达到了预期效果。

2 2016年项目开展的主要工作

2.1 加强虫情监测与信息交流

根据项目合作协议，我中心于3月份及时安排部署监测任务，其中广东惠阳、广西灵川、福建同安、江西万安、湖南长沙、浙江诸暨植保站（农技中心）6个监测点在5～8月份监测褐飞虱、白背飞虱、稻纵卷叶螟的灯下、田间发生数量，且在发生高峰期采集样本2～3次；安徽庐江、江苏姜堰植保站2个监测点在5～6月份监测灰飞虱灯下、田间发生数量发生动态，在发生高峰期采集样本2～3次；江苏姜堰、浙江嘉兴、上海奉贤植保站（农技中心）3个监测点在4～6月份监测黏虫性诱虫量发生动态；广东省农业有害生物预警防控中心和江苏姜堰植保站在6月分别监测南方水稻黑条矮缩病和水稻条纹叶枯病的发生情况并采样。为增强项目实施效果，全国农业技术推广服务中心4～8月每周通过电子邮件的方式将中国9省（自治区、直辖市）10个监测点的数据及时发送给韩国农村振兴厅，提高了两国对水稻迁飞性害虫的早期预见性和综合防控能力。

2.2 专家互访，开展实地调查

5月16～20日，韩国农村振兴厅8位专家来华考察了水稻迁飞性害虫发生情况。考察期间，代表团先后赴江苏姜堰，上海奉贤、金山，浙江桐乡、诸暨等地，与当地植保技术人员一起，实地调查了水稻迁飞性害虫发生基数情况，并与有关专家和基层测报技术人员交流研讨了监测防控技术。

7月4～9日，以李京宰（LEE，KYONG JAE）指导官为团长的韩国农村振兴厅代表团一行7人来华，与我方开展了水稻迁飞性害虫与病毒病联合调查交流活动。代表团一行先后赴广东省惠州市惠阳区和广西壮族自治区灵川县，深入田间实地调查了当地水稻迁飞性害虫的发生情况，双方座谈交流了今年水稻迁飞性害虫发生概况、项目合作实施情况和水稻迁飞性害虫迁飞规律等内容，提出了未来深入合作的意向。

2.3 赴韩开展调查交流

为落实中韩水稻迁飞性害虫与病毒病监测合作项目，2016年8月16～20日，经农业部批准和派遣（农出字[2016]238号），全国农业技术推广服务中心组团赴韩国执行中韩水稻迁飞性害虫及病毒病监测合作项目任务。代表团由全国农业技术推广服务中心病虫害测报处姜玉英副处长带队，全国农业技术推广服务中心药械处熊延坤副处长、测报处黄冲农艺师以及浙江省植物保护检疫局韩曙光调研员和湖南省植保植检站王标科长共5名同志组成。根据中韩合作项目协议和病虫测报工作需求，代表团在韩期间受到韩国农村振兴厅灾害对应课、江原道和京畿道农业技术院、江原道春川市农业技术中心等项目合作单位的接待，安排走访了国家高岭地农业研究所、江原道洪川郡农业技术中心和农协特色蔬菜加工车间、江原道铁原郡农业技术中心和农协稻谷加工企业等。期间，重点总结和讨论了双方2016年项目工作进展情况和下一步合作意向，实地调查了韩国水稻迁飞性害虫及病毒病发生和监测防治技术应用情况，交流了解了韩国植保管理和农药减量及农产品生产加工等内容。通过项目合作，加强了中韩双方在水稻迁飞性害虫及病毒病监测方面的合作研究，有利于进一步提高我国水稻迁飞性害虫及病毒病监测能力，访问还增进了中韩项目合作单位双方的了解和友谊。

3　进一步做好中韩合作项目的建议

一是进一步加深中韩双方水稻病虫害监测技术交流与合作，加强水稻迁飞性害虫及其传带病毒病的发生规律合作研究，扩大监测对象和区域，为科学监测防控提供更扎实的技术支持。

二是加强环境友好型的植保技术研究和推广应用，培育抗病虫品种，推广高效低毒农药和绿色防控技术，降低农药使用量，减少环境污染。

三是借鉴韩国植保立法经验，加快国内植保立法进度，将农作物病虫害监测与防控尽快纳入法制化管理。

四是借鉴韩国重视农技研究和推广体系建设，形成科研与推广为一体的完整的机构和网络，有满足工作需要的经费支持，保证成果直接用于生产。

（执笔人：陆明红）

"二点委夜蛾、玉米螟等玉米重大害虫监测防控技术研究与示范" 2016年度研究进展

全国农业技术推广服务中心参加了由中国农业科学院植物保护研究所主持承担的公益性行业（农业）科研专项经费项目"二点委夜蛾、玉米螟等玉米重大害虫监测防控技术研究与示范"。根据项目计划任务和考核指标的完成情况，总结2016年度项目研究进展。

1 总体任务及考核指标

1.1 任务

（1）测报技术规范研究与标准的制定、修订。
（2）玉米螟、二点委夜蛾的发生规律、影响因素和预测方法的研究。
（3）灯诱、性诱及自动计数系统工具的开发与实验。
（4）防治适期、施药器械方法与药剂种类的研究与试验示范。
（5）绿色防控技术的创新与集成。
（6）应急防治技术的研究与试验示范。

1.2 考核指标

（1）修订、制定玉米主要害虫的国家或行业标准。
（2）示范推广自动、高效的二点委夜蛾、玉米螟标准性诱监测工具。
（3）明确预报影响因子，提升测报技术研究水平。
（4）筛选实用、简便的防控技术、药剂和药械。
（5）在河南省建立二点委夜蛾综合防控示范基地1个，核心示范区面积66.67hm²，辐射带动6.67万hm²。
（6）在内蒙古自治区建立玉米螟绿色防控示范区，核心示范面积66.67hm²，辐射带动6.67万hm²。
（7）在核心期刊上发表与项目相关研究论文5篇。

2 总体进展描述

项目从实施以来主要完成了：
（1）二点委夜蛾成虫诱测技术试验：在黄淮海地区通过多年系统试验，逐日诱蛾量直接证明了该地区二点委夜蛾一年发生4代的规律，并验证了灯光诱测和性诱技术对二点委夜蛾成虫的诱测效果。
（2）玉米螟高效性诱捕器研制和试验：研制高效、简便适合基层监测使用的玉米螟性诱捕器，进行系统监测。
（3）欧洲玉米螟和亚洲玉米螟种群研究：在新疆各地建立系统观测点，明确了两种玉米螟在新疆地区的分布情况。
（4）连续多年开展玉米主要害虫越冬基数和生长期为害情况调查，明确了我国玉米主产区玉米主要害虫发生规律和危情新情况、新特点。
（5）归纳整理玉米螟、二点委夜蛾发生规律、预测预报办法、分级指标等内容，认真布置各地试行标准，收集各地反馈意见，并及时召开标准审定会，顺利完成了《二点委夜蛾测报技术规范》《玉米

螟测报技术规范》等两个行业标准的制定任务。

（6）二点委夜蛾防控示范区的建立：在河南建立二点委夜蛾防控示范区，配合项目科研单位开展试验、研究，探索二点委夜蛾应急防治技术。

（7）玉米螟防控示范区的建立：在内蒙古自治区通辽市建立玉米螟绿色防控示范区，对现有的单项防控技术进行分析研究比对。

已经发表论文8篇，制定农业行业标准《二点委夜蛾测报技术规范》《玉米螟测报技术规范》2项，出版监测防控技术挂图2册。

3 发表文章及专著

（1）刘杰，姜玉英，曾娟，纪国强，刘莉，邱坤. 2015年我国玉米南方锈病重发特点和原因分析，中国植保导刊，2016，36（5）：44-47.

（2）刘杰，姜玉英，曾娟，刘万才. 2015年玉米重大病虫害发生特点和趋势分析，中国植保导刊，2016，36（10）：53-58.

（3）刘杰，姜玉英，朱晓明等，《玉米螟的识别与防治》，中国农业出版社.

（4）刘杰，姜玉英，朱晓明等，《二点委夜蛾的识别与防治》，中国农业出版社.

4 其他成果

归纳整理玉米螟、二点委夜蛾发生规律、预测预报办法、分级指标等内容，认真布置各地试行标准，收集各地反馈意见，并及时召开标准审定会，整理完成报批稿等相关材料，顺利完成了《二点委夜蛾测报技术规范》《玉米螟测报技术规范》等两个行业标准的制定任务。

5 示范情况介绍

2016年在河南省周口市淮阳县以及新乡市辉县建立二点委夜蛾综合防治示范区。

5.1 试验示范区基本情况

2016年淮阳县二点委夜蛾防控技术试验与示范区地点选择在白楼乡黎庄行政村，二点委夜蛾发生相对较重区域。示范区地势平坦，排灌方便，土壤肥沃（两合土），规模化种植，集中连片，播种时间6月12～15日，种植品种商玉968等，种植密度为每667m² 4 200株，9月23～24日收获,总试验示范核心区面积273.3hm²。

辉县市实验示范区位于冀屯镇，示范区面积306.7hm²，其中核心示范区133.3hm²，实验区播期6月16日，示范区播期5月22～25日。

5.2 核心技术及示范设计

根据二点委夜蛾在玉米上的发生危害规律，在防治上综合应用农业、物理和化学防治方法，采取农业措施破坏其生存环境，加强监测预警，适时开展化学防治，幼虫期治早、治小，及时应用高效低毒药剂进行全田喷雾或撒毒土、毒饵于傍晚进行诱杀等，有效控制二点委夜蛾的危害。

5.2.1 统一机械灭茬区

小麦收获时加挂灭茬机直接粉碎麦茬，然后旋耕土壤，创造不利于二点委夜蛾生存为害的环境。试验示范面积40hm²。

5.2.2 人工清垄区

玉米播种前或播种后，人工借助钩、耙等农具，及时清理播种沟的麦秸和麦糠，并集中清理出田间，消除二点委夜蛾的适生环境。试验示范面积0.4hm²。

5.2.3 化学防治区

5.2.3.1 喷雾防治：于6月29日（玉米3～4叶期）低龄幼虫期，每667m²用6%阿维·氯苯酰17mL全田均匀喷雾。试验示范面积25.3 hm²。

5.2.3.2 撒毒饵：于6月29日（玉米3～4叶期），每亩用80%敌敌畏200mL+48%毒死蜱100mL拌5kg炒香麦麸和1.5kg碎青叶，于傍晚撒于玉米根部周围。试验示范面积0.4hm²。

5.2.3.3 撒毒土：于6月29日（玉米3～4叶期），每亩用80%敌敌畏200mL+48%毒死蜱100mL与25kg细土制成毒土，于傍晚均匀撒于玉米根部周围。试验示范面积0.4hm²。

5.2.4 非防控区

试验示范面积0.13 hm² 上述各试验示范区其他栽培管理措施均一致，生育期其他病虫草害的防治根据实际情况进行。

5.3 二点委夜蛾发生特点

淮阳县二点委夜蛾发生特点是诱蛾量大，虫田率较高，但幼虫发生量小，为害较轻。高峰期调查（7月4日），虫田率达15%，平均百株虫量1.1头，个别百株严重达10头以上，单株最多有虫7头，平均为害株率达2.0%；总体为中度偏轻发生。辉县市二点委夜蛾轻发生，田间为害症状很少。

5.4 试验示范区防效调查结果

于7月4日（玉米5～6叶期）调查，统一机械灭茬区、人工清垄区、喷雾防治区、撒毒饵区、毒土区和非防控区被害株率分别为0.3%、0.5%、1.3%、1.0%、1.0%和5.0%；综合防效分别达91.4%、82.9%、74.3%、82.9%和82.9%。其中以统一机械灭茬区综合防效最高，全田喷雾区防效低于其他处理区。

5.5 产量调查及效益评估

9月19～21日对试验示范区进行测产，核心示范区平均每667m²穗数4 180.4个，每穗粒数432.6个，千粒重332.3g，平均667 m²产510.8kg；非防控区平均每667m²穗数4 015.2个，每穗粒数414.6个，千粒重320.5g，平均667m²产453.5kg；二点委夜蛾核心防控示范区较非防控区亩增产57.3kg，增产率为12.6%，增产效果明显。而且通过机械灭茬等农业措施人为破坏二点委夜蛾的适生环境，大大减轻了二点委夜蛾危害，降低了化学农药使用量，减轻了环境污染，经济、生态、社会效益明显。

5.6 示范区辐射带动作用

在玉米二点委夜蛾试验示范区工作中，为起到更好的示范带动作用，全国农业技术推广服务中心在示范区的明显位置树立醒目标志牌，将核心技术、主持单位、技术负责人及联系方式公之于众，便于群众咨询。并加强二点委夜蛾监测调查，准确掌握其发生消长规律，科学发布防治适期预报。在防治的关键时期，采取媒体宣传、专题讲座、面对面咨询、发放技术资料等多种形式开展二点委夜蛾防控技术培训。累计举办电视讲座2期，收视率达6万多人；开展技术培训5期，培训人员达3 000多人；发放防控技术资料5万余份；接待热线咨询2 000多人次。有力地普及了二点委夜蛾等苗期病虫害防控技术，提高了广大干部群众的防控水平，综合防效达85%左右，辐射带动面积达0.67万hm²以上，为今年夏玉米再夺丰收奠定了良好基础。

5.7 在内蒙古通辽市建立玉米螟综合防治示范区

2016年在通辽市科尔沁区建立玉米病虫害绿色防控示范区，核心面积666.7hm²，辐射带动3 333.3hm²。选用并示范杀虫灯诱杀、白僵菌封垛、Bt白僵菌灌心、人工释放赤眼蜂等绿色防控技术措施。将白僵菌封垛、安装频振式杀虫灯、田间释放赤眼蜂等绿色防治措施优化集成为"白僵菌封垛＋释放赤眼蜂""白僵菌封垛＋频振式杀虫灯＋释放赤眼蜂"两种综防措施在示范区内实施，在有效控制玉米螟发生危害的前提下，实现了全程控制的"绿色化"。同时，针对通辽地区以往较少防治二代玉米螟的情况，开展了赤眼蜂防治二代玉米螟技术试验，明确防治效果。2016年9月对赤眼蜂防治二代玉米螟示范试验区进行防治效果调查，在试验区随机选取4个地块，每个地块选取5点，每点20株，整体防治效果达到50%以上。总体来说，赤眼蜂防治玉米螟仍是防治玉米螟的最佳生物防治方法，能将玉米螟消灭在卵期，即为害之前，不仅符合"预防为主、综合防治"的植保方针，而且成本低、防效好、方法简便、省工省力，并且对人畜无毒害、天敌无杀伤、环境无污染、产品无残毒，具有显著的生态效益、经济效益和社会效益。但是释放赤眼蜂防治玉米螟的方法对气候条件和释放时间的要求较高，掌握好准确时间达到理想的防治效果尚存在一定困难。

2016年在通辽开鲁县建立玉米螟绿色防控示范区，项目区核心示范面积1 000 hm²。主推性诱剂、杀虫灯诱杀、白僵菌封垛、Bt白僵菌灌心、人工释放赤眼蜂等绿色防控技术措施。辐射带动3 333.3 hm²。辐射区主要技术为赤眼蜂灭卵和颗粒剂消灭幼虫。形成以一代玉米螟防控为主的技术模式。通过技术人员及示范区干部群众的共同努力，各项防螟技术措施得以有效实施。防治面积达0.67万 hm²次。有效地控制了一代玉米螟的发生危害，同时降低了一代玉米螟成虫数量及卵量，降低了二代玉米螟的发生与危害程度。

白僵菌封垛寄生率最高达84.2%，平均为78.1%，有效降低了虫源基数。赤眼蜂防控区玉米螟卵块寄生率为52%，减少了田间幼虫数量，降低了危害程度。性诱剂诱捕效果：选择3个诱捕器定点调查。自设置之日起（6月13日）每间隔3天调查一次诱捕到的玉米螟成虫数量，日平均诱蛾13头、最高21头。防治试验区内一代玉米螟为害率为7.8%，防治效果达到76.7%。据一代玉米螟为害情况调查，示范区一代玉米螟平均为害率为10.5%，非防治区平均为害率为33.6%，平均防效68.75%，有效地控制了一代玉米螟发生为害。同时，对降低二代玉米螟发生及为害程度起到了较好的作用。据调查，示范区二代玉米螟平均为害率为47.4%，非防治区平均为94.4%，平均防效为49.8%。

6 具体研究进展

6.1 成虫性诱研究

2016年继续开展害虫标准化性诱监测工具试验示范工作，在河北省阜城县、天津市静海县、内蒙古通辽市区、辽宁省黑山县、山东省章丘市、汶上县、河南省民权县、安阳县、湖南省安化县开展玉米螟性诱监测试验；在河北省辛集市、宁晋县，山西省万荣县、运城市盐湖区、山东省肥城市、汶上县，河南省郸城县，安徽省砀山县、萧县，江苏省丰县开展二点委夜蛾性诱监测试验。其中山东汶上县的玉米螟成虫性诱监测试验和肥城市的二点委夜蛾性诱监测试验结果均具有代表性。山东汶上县玉米螟成虫性诱监测试验，从7月性诱、灯诱对比结果可以看出两种诱蛾工具诱蛾量没有明显差异，两种诱捕器诱集玉米螟的蛾峰基本一致，因此，诱捕器对玉米螟均有良好的诱集作用，可用于玉米螟的监测。

6.2 越冬基数调查

全国农业技术推广服务中心连续组织科教和推广部门专家赴各地玉米主产区联合基层技术人员完成了二点委夜蛾、玉米螟等重大病虫的越冬基数调查。据专家调查，黄淮海等地前茬为玉米或甘薯的田块查到二点委夜蛾幼虫，每平方米平均密度在0.2头以下。调查的地区极易查到玉米螟和桃蛀螟幼虫，一般百株活虫量为18～40头，严重地块达150～170头，河南长垣、濮阳和山东菏泽见大螟，为害区域明显北扩。根据连续多年的越冬基数调查，逐步掌握了黄淮海各地玉米螟、桃蛀螟和高粱条螟的种群动态，近年桃蛀螟种群比例明显上升，2015年调查，魏县、保定市桃蛀螟百株活虫量大于玉米螟，迁安、廊坊均查到高粱条螟，其中，迁安百株活虫量达到15.5头，接近玉米螟百株活虫量。黄淮海地区玉米秸秆粉碎还田比例增加明显，大部地区秸秆存储率低于10%，可起到降低玉米螟越冬基数的作用，二点委夜蛾、玉米螟等玉米重大病虫越冬基数总体平稳，但局部区域虫量依然较高。玉米田二点委夜蛾基数偏高，棉铃虫蛹田间基数与去年相近，玉米螟、桃蛀螟、大螟田间幼虫量高于常年。

6.3 国家农业行业标准制定

在王振营研究员等专家的帮助下，归纳整理玉米螟、二点委夜蛾的发生规律、预测预报办法、分级指标等内容，认真布置各地试行标准，收集各地反馈意见，并及时召开标准审定会，整理完成报批稿等相关材料，顺利完成了《二点委夜蛾测报技术规范》《玉米螟测报技术规范》等两个行业标准的制定任务。

6.4 在新疆地区开展玉米螟性诱试验

近几年在南疆和北疆各选择两个有代表性的站点试验性诱剂对欧洲玉米螟和亚洲玉米螟的诱测效果，并逐日记录诱蛾量，分析两种玉米螟在新疆的分布情况。情况如下：

（1）博乐市在青乡、小营镇、温泉县哈镇开展欧洲玉米螟和亚洲玉米螟性诱监测试验，从7月12日开始一直到9月30日止，博乐市青乡亚洲玉米螟472头，欧洲玉米螟22头，两者比例21.5：1，小营镇累计诱亚洲玉米螟478头，欧洲玉米螟47头，两者比例10.2：1温泉县哈镇，亚洲玉米螟302头，欧洲玉米螟9头，两者比例33.5：1。试验结果说明在博州博乐市玉米螟主要以亚洲玉米螟为主，欧洲玉米螟数量较少，总体上两者比例约为20：1。

（2）玛纳斯县性诱试验从5月10到8月20日计132天的132次调查发现，诱捕器1（亚洲玉米螟自动计数）总计诱蛾199头，诱捕器1（亚洲玉米螟人工计数）人工计数总计诱蛾202头；诱捕器2（亚洲玉米螟人工计数）总计诱蛾309头，诱捕器3（亚洲玉米螟人工计数）总计诱蛾369头；诱捕器4（欧洲玉米螟人工计数）总计诱蛾0头；诱捕器5（欧洲玉米螟人工计数）总计诱蛾0头。试验结果表明，在新疆玛纳斯县未诱到欧洲玉米螟，证明当地发生的玉米螟种类为亚洲玉米螟。同时印证了宁波纽康生物技术有限公司生产的亚洲玉米螟诱芯、欧洲玉米螟诱芯有很强的专一性，2015年自动计数诱捕器总诱蛾量与人工计数相比，准确率达到99%。在132次调查数据中，有80次数据相吻合，吻合率60.6%，其余42次有极少量的偏差，总体来说性诱捕器自动计数系统准确可靠，玉米螟性诱剂在测报中具有使用简便、灵敏、准确率高、专一性好等特点，配备自动计数系统能大幅度降低测报人员工作强度，并且误差较小。性诱监测情况与田间为害情况的相对应，能比较客观反映大田玉米螟发生程度。

6.5 在河南新乡召开玉米重大害虫防治技术现场会

根据项目任务书计划安排，于2016年7月29日在河南新乡辉县示范点召开玉米重大病虫防治技术现场会（图4-8）。会议邀请北京、天津、河北、山西、江苏、安徽、山东、河南省（直辖市）植保系

图4-8　玉米重大害虫防控技术现场会

统及行业项目各有关参加单位，观摩了位于辉县冀屯镇的示范区，主要展示了二点委夜蛾综合防控示范区（包括药剂喷雾防治、撒毒饵防治、清除玉米播种行覆盖物等）和玉米螟综合防控示范区（包括不同种类赤眼蜂防效试验、玉米螟性诱剂诱杀试验）。会议邀请了项目首席专家王振营研究员就当前的二点委夜蛾、亚洲玉米螟的发生与防治技术研究进展做了交流报告，从分布与为害、主要生物学特性、生态学相关研究、发生规律、防治技术等几个方面，做了系统的讲授，参会代表表示内容丰富，受益匪浅。

（执笔人：刘杰、朱晓明）

"农作物害虫性诱监测技术应用与示范"结题报告 [*]

1 课题研究内容与目标

按照公益性行业（农业）科研项目专项"昆虫性诱剂合成与缓释技术研究"课题任务书要求，"农作物害虫性诱监测技术应用与示范"子课题的研究任务为：针对农业重要害虫性诱剂应用中的一些关键问题和实际需要，运用前期项目组成员单位和国内外的工作基础，开展性诱剂测报技术研究，比较传统诱测工具与性诱监测器的诱集效果，探索和评价性诱监测工具在农作物重大害虫测报工作中的实用性，试验示范基于性诱剂的自动计数测报系统，集成农作物重大害虫性诱监测工具的标准化应用技术体系。

1.1 总体目标

1.1.1 示范和推广性诱技术成熟害虫种类的性诱监测应用技术

针对桃小食心虫、梨小食心虫、小菜蛾、斜纹夜蛾、甜菜夜蛾、棉铃虫、红铃虫、茶细蛾、茶毛虫（9种）性诱技术成熟的害虫种类，在华北、华东、华中、华南和西南5大区域建立示范点，通过技术培训、现场观摩和会议交流等方式，进行性诱监测应用技术示范推广。

1.1.2 试验和示范性诱技术尚未成熟害虫种类的性诱监测技术

针对稻纵卷叶螟、二化螟、草地螟、玉米螟、二点委夜蛾［5种（类）］性诱技术尚未成熟的害虫种类，根据不同的地理生态区系建立试验点，对诱芯成分、诱捕器类型、田间放置技术等方面进行诱捕效果试验，并与灯诱、糖醋盆诱捕等诱捕方式进行对比试验，探索和评价性诱监测工具的实用性。

1.1.3 试验和示范重要害虫性诱自动计数测报系统的应用技术

针对稻纵卷叶螟、玉米螟和棉铃虫，试验示范性诱自动计数测报系统，研究性诱自动计数测报系统与适宜诱芯和诱捕器的匹配应用技术，并与人工计数进行对比试验，探索和评价性诱自动技术测报系统的实用性。

1.1.4 集成农作物重大害虫性诱监测工具的标准化应用技术体系

基于以上应用技术的试验示范成果，建立我国农作物重大害虫性诱监测工具的标准化应用技术体系，对同种害虫（同区系）的性诱剂诱芯成分、配比、含量、剂型，适用诱捕器种类和田间设置参数等使用方法进行统一、规范，建立相应的行业级或国家级技术标准体系。

1.2 考核指标（表4-3）

表4-3 "农作物害虫性诱监测技术应用与示范"课题年度考核指标

年度	性诱技术测报试验点（个）	性诱自动测报系统试验点（个）	培训会或现场会（次）
2012	10	—	2
2013	30	—	2

---

* 公益性行业（农业）科研项目专项"昆虫性诱剂合成与缓释技术研究"子课题。

（续）

年度	性诱技术测报试验点（个）	性诱自动测报系统试验点（个）	培训会或现场会（次）
2014	30	10	2
2015	30	10	2
2016	30	10	2

2　项目开展工作

在2009年以来持续推动的基础上，2012—2016年每年以全国农业技术推广服务中心正式文件的形式组织安排农作物害虫性诱监测试验示范与推广应用工作（农技植保函[2012]134号"关于做好2012年度害虫性诱监测工具应用推广与试验示范工作的通知"、农技植保函[2013]99号"关于开展害虫标准化性诱监测工具试验示范与推广应用工作的通知"、农技植保函[2014]117号"关于进一步开展害虫标准化性诱监测工具试验示范与推广应用工作的通知"、农技植保函[2015]77号"关于开展害虫标准化和自动化性诱监测工具试验示范与推广应用工作的通知"、农技植保函[2016]146号"关于印发《2016年新型害虫性诱自动监测工具试验方案》的通知"）。重点针对二化螟、稻纵卷叶螟、亚洲玉米螟、棉铃虫、小地老虎、草地螟、甜菜夜蛾、黏虫、二点委夜蛾、绿盲蝽等10种（类）害虫开展性诱监测技术田间应用试验，在二化螟、稻纵卷叶螟、亚洲玉米螟、棉铃虫、小地老虎、草地螟、黏虫、二点委夜蛾等8种害虫上进行了基于性诱的害虫自动计数系统试验示范，在逐年验证的基础上提出棉铃虫、红铃虫、小菜蛾、斜纹夜蛾、桃小食心虫、梨小食心虫、茶毛虫、茶细蛾、甜菜夜蛾、亚洲玉米螟、二化螟、稻纵卷叶螟、黏虫、小地老虎等14种害虫属于性诱监测技术成熟、建议推广使用性诱监测技术的种类，开展了重要害虫性诱监测技术培训和示范展示，申报并制定了专门应用于害虫性诱监测的农业行业标准。

2.1　组织安排重要害虫性诱监测试验示范工作

在全国范围安排具有重要影响、性诱监测技术需要完善的害虫种类进行试验示范。一般有三类，一类是二化螟、稻纵卷叶螟、玉米螟等粮食作物重大害虫，一类是棉铃虫、小地老虎、黏虫、草地螟、甜菜夜蛾等具有迁飞和暴发习性的杂食性害虫，另一类是二点委夜蛾、绿盲蝽等上升趋势明显的害虫。具体试验情况见表4-4。

2.2　组织安排害虫性诱自动计数系统试验示范工作

自2013年起，选择性诱技术成熟或存在弱光性、传统监测手段落后的害虫，重点推进害虫性诱自动计数系统试验示范。开展性诱自动计数系统试验示范的害虫种类包括二化螟、稻纵卷叶螟、亚洲玉米螟、棉铃虫、小地老虎、草地螟、黏虫、二点委夜蛾。具体试验情况见表4-5。

2.3　提出性诱监测技术成熟、建议推广使用性诱监测技术的害虫种类

综合前面的试验结果，分年度提出性诱技术成熟、建议推广使用的害虫种类。经过连续努力，我们重点实验害虫种类的性诱监测技术基本上都达到了应用水平，特别是在稻纵卷叶螟这样的弱光性害虫上实现了技术突破。具体推广建议见表4-6。

表4-4 2012—2016年农作物重要害虫性诱监测试验示范点分布

害虫种类	2012	2013	2014	2015	2016
二化螟	江苏仪征市, 浙江温岭市, 龙游市, 龙游县 (3)	江苏仪征市, 浙江温岭市, 龙游县, 江西袁州区, 瑞昌市 (5)	江苏仪征市, 浙江温岭市, 龙游县, 江西袁州区, 瑞昌市 (5)	江苏仪征市, 浙江温岭市, 龙游县, 江西袁州区, 瑞昌市, 吉林柳河县 (6)	浙江龙游县, 四川省犍为县, 市东坡区, 贵州三都县, 眉山市
稻纵卷叶螟	江苏仪征市, 武进区, 桐庐县, 江西万安县, 浙江海宁市, 绍兴县, 广西八步区, 平南县 (6)	江苏仪征市, 浙江绍兴县, 桐庐县, 江西万安县, 福建长乐市, 丰城市, 湖南安乐, 湘阴县, 广东惠阳市, 广西八步区, 平南县 (13)	江苏仪征市, 浙江柯桥区, 武进区, 福建长乐市, 丰城市, 江西万安县, 湖南东安县, 湘阴县, 广东惠阳市, 平南县 (13)	江苏仪征市, 武进区, 浙江柯桥区, 桐庐县, 福建长乐市, 江西万安县, 丰城市, 湖南东安县, 湘阴县, 广东惠阳市, 平南县 (13)	江苏仪征, 常州武进区, 浙江龙游县, 贵州三都县 (13)
亚洲玉米螟	河北阜城县, 山东滨州, 肥城市, 潍坊市, 章丘市, 河南安阳, 民权县 (6)	河北阜城县, 山东滨州市, 肥城市, 章丘市, 潍坊市, 河南安阳, 民权县, 内蒙古科尔沁区, 辽宁黑山县, 湖南安化市 (10)	河北阜城县, 山东滨州市, 肥城市, 章丘市, 汉州, 河南安阳, 上县, 民权县, 内蒙古科尔沁区, 辽宁黑山县, 湖南安化市 (11)	河北阜城县, 山东章丘市, 天津静海县, 汉上县, 河南安阳县, 民权县, 内蒙古科尔沁区, 辽宁黑山县, 湖南安化市 (9)	河北阜城县, 山东肥城, 内蒙古通辽, 陕西科尔沁区, 陕西安长安区, 内蒙古伊金霍洛旗
棉铃虫	—	河北沧县, 山东郓城县, 新疆沙湾县, 华容县, 库车县 (6)	河北沧县, 山东郓城县, 湖南南, 新疆沙湾县, 库车县, 华容县 (5)	河北沧县, 山东郓城县, 湖南华容县, 库车县 (5)	河北沧县, 河北安新
小地虎	河北丰南区, 安新县, 大城县, 丰宁县, 山东济宁市, 聊城市, 文登市, 陵县, 山西汾阳市, 太原市, 大同市, 盐湖区, 河南安阳, 济源市, 偃师市, 兰考县, 额上县, 安徽蒙城市 (18)	河北丰南区, 安新县, 大城县, 丰宁县, 山东济宁市, 济南市, 山西汾阳市, 太原市, 大同市, 盐湖区, 济源市, 河南安阳, 偃师市, 兰考县, 额上县, 四川宜宾县, 犍为县, 青神区 (21)	河北安新区, 大城县, 济宁市, 肥城市, 陵县, 山东莱州市, 大同市, 山西汾阳市, 太原市, 兰考县, 盐湖区, 济源市, 河南安阳, 偃师市, 额上县, 安徽蒙城, 江苏, 四川青神县, 天津宝坻区, 辽宁彰武, 东台市, 宁夏惠农区, 原州区 (23)	河北安新县, 丰南区, 山东陵县, 莱州, 大同市, 山西汾阳县, 河南安阳县, 济源市, 四川青神县, 安徽蒙城县, 额上县, 宁夏惠农区, 永宁县, 原州区 (13)	河北安新, 宁夏永宁, 四川青神县, 内蒙古伊金霍洛旗 (13)
草地螟	河北康保县, 山西应县, 阳高县 (3)	河北康保县, 山西应县, 阳高县 (3)	河北康保县, 山西阳高县 (2)	河北康保县, 新疆阿勒泰地区 (2)	内蒙古伊金霍洛旗
甜菜夜蛾	山东莱芜市, 平度市, 寿光市, 河南镇平县, 孟州市 (6)	—	—	—	—
黏虫	—	—	河北滦县, 北京顺义区, 延庆区, 天津宝坻区, 内蒙古科尔沁区, 辽宁东台市, 江苏东台市 (8)	河北滦县, 天津宝坻区, 内蒙古科尔沁区, 辽宁彰武市, 山东莱州市, 江苏东台市 (6)	江苏东台, 陕西安长安区, 内蒙古霍洛旗, 通辽市科尔沁区, 河北滦县

（续）

害虫种类	2012	2013	2014	2015	2016
二点委夜蛾	河北馆陶县，正定县，安新县，山东枣庄市，济宁市，汶上县，山西盐湖区，万荣县，长治市，芮城县，河南安阳县，民权县，淮阳县，江苏丰县，孟州市，尉氏县，贾汪区，安徽萧县，谯城区 (19)	河北馆陶县，正定县，安新县，山东济宁市，汶上县，山西盐湖区，万荣县，长治市，芮城县，河南安阳县，民权县，淮阳县，江苏丰县，孟州市，尉氏县，贾汪区，安徽萧县，砀山县 (19)	河北辛集市，宁晋县，山西盐湖区，万荣县，山东肥城市，汶上县，河南郸城县，安徽萧县，砀山县 (10)	河北辛集市，宁晋县，山西盐湖区，万荣县，山东肥城市，汶上县，河南郸城县，江苏丰县，安徽萧县，砀山县 (10)	河北宁晋，山东肥城，河北安新，辛集，石家庄
绿盲蝽	河北沧县，山东郓城县，山西芮城县，河南杞县，江苏通州区，安徽至县，望江县，太湖县，江西彭泽县，湖北潜江市，华容县，湖南大荔县，甘肃玉门市，敦煌县，新疆麦盖提县，库车县，沙湾县，吐鲁番市，博州 (21)	河北沧县，山东郓城县，河南杞县，安徽至县，望江县，太湖县，无为县，江西彭泽县，湖北潜江市，华容县，湖南大荔县，新疆库车县，麦盖提县，沙湾县，尉犁县，博乐市 (20)	—	—	—

表4-5 2013—2016年农作物害虫性诱自动计数系统监测试验示范点分布

害虫种类	2013	2014	2015	2016
稻纵卷叶螟	福建永安市，湖南湘阴县 (2)	江苏仪征市，福建福清市，湖南湘阴县，广东惠阳市，广西平南县 (5)	江苏仪征市，浙江桐庐县，福建福清市，江西丰城市，湖南东安县，湘阴县，广东惠阳市，广西平南县 (8)	浙江龙游县，贵州三都县
二化螟	—	—	浙江龙游县，江西瑞昌市 (2)	浙江龙游县，四川省犍为县，眉山市东坡区，贵州三都县
玉米螟	山东章丘市内蒙古通辽市，辽宁黑山市内蒙古安化市 (4)	天津静海县，山东章丘市，汶上县，河南安阳县，内蒙古科尔沁区，辽宁黑山县，湖南安化市 (7)	天津静海县，山东章丘市，汶上县，河南安阳县，内蒙古科尔沁区，辽宁黑山县，湖南安化市 (7)	山东肥城，陕西西安长安区，内蒙古伊金霍洛旗
棉铃虫	河北沧县，山东郓城县，湖南南县，华容县，新疆沙湾县，库车县 (6)	河北沧县，山东郓城县，湖南南县，湖南华容县，新疆沙湾县，库车县 (5)		河北安新

（续）

害虫种类	2013	2014	2015	2016
二点委夜蛾	—	河北辛集市、宁晋县、山西盐湖区、江苏丰县 (6)	河北辛集市、宁晋县、山西盐湖区、江苏丰县、汶上县、河南邯郸城县、安徽萧县 (8)	山东肥城、河北安新、辛集、石家庄
小地老虎	—	河北安新县、山东陵县、山西盐湖区、河南济源市、安徽额上县、江苏东台合、辽宁宝坻区、天津惠农县、宁夏永宁县、原州区 (13)	河北安新县、山东陵县、山西盐湖区、河南济源市、安徽额上县、四川青神县、宁夏惠农区、永宁县、原州区 (9)	河北安新、宁夏永宁、内蒙古伊金霍洛旗
黏虫	—	河北滦县、天津宝坻区、内蒙古科尔沁区、辽宁彰武县 (4)	河北滦县、天津宝坻区、内蒙古科尔沁区、辽宁彰武县、山东莱州市、江苏东台合市 (6)	江苏东台、陕西西安长安区、内蒙古伊金霍洛旗
草地螟	—	—	新疆阿勒泰地区	内蒙古伊金霍洛旗

表 4-6　建议推广应用性诱监测技术的害虫种类和年份

害虫种类	2012	2013	2014	2015	害虫种类	2012	2013	2014	2015
棉铃虫	√	√	√	√	茶细蛾	√	√	√	√
红铃虫	√	√	√	√	甜菜夜蛾	√	√	√	√
小菜蛾	√	√	√	√	亚洲玉米螟			√	√
斜纹夜蛾	√	√	√	√	二化螟				√
桃小食心虫	√	√	√	√	稻纵卷叶螟				√
梨小食心虫	√	√	√	√	黏虫			√	√
茶毛虫	√	√	√	√	小地老虎				√

2.4 召开害虫性诱监测工具应用技术研讨会和培训会

2.4.1 关于性诱监测技术的专场研讨会

2013年9月15～17日，全国农业技术推广服务中心和温州医科大学在浙江省宁波市联合召开了农作物害虫性诱监测工具应用技术研讨会（农技植保函[2013]303号）。会议安排8位技术专家对多种害虫性诱监测工具的研发、试验应用和推广应用进展等方面做了专题报告；组织参观了宁波市东吴镇水稻、蔬菜和果树害虫性诱监控示范田；考察了宁波纽康生物技术有限公司性诱监测工具研发与生产基地；还对害虫性诱监测技术发展的经验成效、存在问题和应用前景进行了广泛、深入的研讨（图4-9、图4-10）。大家一致认为，性诱监测技术是病虫害测报的一项重要手段，在诱虫专一性、自动化、轻简化方面具有独特优势，尤其可成为弱光性害虫诱集的重要手段。来自全国24个省（自治区、直辖市）植保（植检）站（全国农业技术推广服务中心）、新疆建设兵团及温州医科大学、浙江理工大学的专家代表共计80余人参加了会议，特别是有20多位省级植保站的正、副站长全程参加，对性诱技术在害虫监测方面的应用有了全面清晰的认识，并对下一步推广应用工作做出了积极的表态。全国农业技术推广服务中心钟天润副主任做了会议总结，在充分肯定害虫性诱监测工具取得显著成效的基础上，要求害虫性诱科研和推广部门密切合作，加大害虫性诱工具的研发，扩大试验示范范围，制定应用技术标准和加快推广应用工作，尤其需要继续进行新发害虫诱芯研发与熟化、诱捕器适用种类开发和实用性改进、自动计数系统准确性提升和性诱监测工具田间应用技术统一规范，并逐步推进性诱监测工具及其应用技术的标准化工作。

图4-9 2013年农作物害虫性诱监测工具应用技术研讨会（会场）

图4-10　2013年农作物害虫性诱监测工具应用技术研讨会（参观）

2.4.2　其他会议和培训中的性诱监测技术应用宣传（表4-7）

表4-7　测报专业技术会议和培训中的性诱监测技术应用宣传活动

时间	地点	会议名称	主讲人	报告题目
2012.12	四川成都	2013年全国重大病虫害发生趋势会商会	杜永均	化学信息素与害虫预测预报：优势与不足
2013.03	北京	病虫测报信息化与现代化建设座谈会	杜永均	性诱自动电子计数系统
2014.03	江苏南京	第三十六期全国农作物病虫害测报技术培训班（东部）	杜永均	性诱剂在测报中的应用
	重庆	第三十六期全国农作物病虫害测报技术培训班（西部）	杜永均	性诱剂在测报中的应用
2014.12	广西南宁	2015年全国重大病虫害发生趋势会商会	杜永均	性信息测报技术的标准化和电子自动化
2015.03	江苏南京	第三十七期全国农作物病虫害测报技术培训班（东部）	杜永均	性诱剂在测报中的应用
	重庆	第三十七期全国农作物病虫害测报技术培训班（西部）	杜永均	性诱剂在测报中的应用
2015.09	浙江宁波	现代新型测报工具研发与应用技术高级培训班	杜永均	昆虫性信息素行为调控机理及其在害虫测报中的应用
			曾娟	害虫性诱监测技术的开发和应用
			郑永利	斜纹夜蛾性诱监测与灯诱监测比较及预测模型研究
2015.11	内蒙古集宁	农作物重大病虫害监测预警技术及数字化监测预警系统应用技术培训班	曾娟	害虫性诱监测技术开发与应用

（续）

时间	地点	会议名称	主讲人	报告题目
2016.03	江苏南京	第三十八期全国农作物病虫害测报技术培训班（东部）	杜永均	性诱剂在测报中的应用
	重庆	第三十八期全国农作物病虫害测报技术培训班（西部）	杜永均	性诱剂在测报中的应用
2016.11	浙江宁波	昆虫信息素技术与绿色防控培训班	张润志	性信息素在苹果蠹蛾监测中的应用昆虫
			杜永均	性信息素的应用关键技术研究
			董双林	蛾类昆虫对性信息素的感受机制
			吕仲贤	性诱剂在水稻害虫绿色防控中的应用
			郭荣	昆虫性诱剂防治稻棉害虫的策略与技术开发
			曾娟	性诱测报在我国的示范和推广

2.5 农业行业标准申报与制定

2.5.1 农业行业标准项目申报

2013年9月，按照农业部办公厅关于印发2014年农业部部门预算项目指南的通知（农办财[2013]77号）中农业行业标准制修订申报目录要求，提交了《农作物害虫性诱监测技术规范之一——飞蛾类》的项目申报书；并于2014、2015、2016年连续三年提交了《农作物害虫性诱监测技术规范之二——夜蛾类》的项目申报书。

2.5.2 农业行业标准项目制定

2014年农业部下达了农业行业标准制定项目（农财发[2014]61号，项目序号548），由全国农业技术推广服务中心主持《农作物害虫性诱监测技术规范之一——飞蛾类》的制定工作。2013年12月，由全国农业技术推广服务中心和温州医科大学共同起草，提出规范初稿。2014年4月，在全国小麦中后期病虫害发生趋势会商会上对规范初稿进行讨论和修改，由此形成了试行稿。2014年5月将试行稿以函（农技植保函[2014]208号）的形式，在全国各省安排重点县（市）区域站试用。2014年7月，在全国农作物中后期病虫害发生趋势会商会上，再次组织专家进行讨论，并根据专家意见和基层试用情况进行修改，形成征求意见稿。2014年9月将征求意见稿以电子邮件的形式发往进行害虫性诱监测的32个单位，其中9个单位回函、提出了18条修改意见（其他单位回函表示无意见），由此形成了送审稿。2014年10月29日，将送审稿报部种植业司（农技标函[2014]419号），并于12月17日召开审定会，通过了由科研、教学、推广等方面专家的审定，并根据专家意见形成此报批稿，专家组建议家组决定用"螟蛾类"特指"螟蛾总科及其类似的夜蛾科、毒蛾科"害虫，替代原申报题目中的"飞蛾类"。《农作物害虫性诱监测技术规范（螟蛾类）》（NY/T 2632—2015）由农业部于2015年5月21日正式发布，8月1日起实施。

2.5.3 其他害虫测报技术标准中性诱监测内容的制定

总结前期性诱监测技术试验成果，分别在《小地老虎测报技术规范》（NY/T 2731—2015）、《盲蝽测报技术规范 第1部分：棉花》（NY/T 2163.1—2016）、《盲蝽测报技术规范 第2部分：果树》（NY/T 2163.2—2016）、《盲蝽测报技术规范 第3部分：茶》（NY/T 2163.3—2016）、《盲蝽测报技术规范 第4部分：苜蓿》（NY/T 2163.4—2016）等5项农业行业标准中加入了性诱监测应用技术规范。

3 关键技术进展

3.1 害虫性诱监测技术的科学分类

多年多地的实践证明，为提高性诱监测效率，不同害虫宜采用不同类型的诱捕器，并配套相应的田间应用技术。根据适用诱捕器的不同类型进行科学分类，是性诱监测技术标准化的理论依据和应用基础，也是本课题的关键技术突破。根据害虫分类地位、成虫行为生态学等基本规律和近年来田间试验结果，可将害虫的性诱监测工具分为螟蛾类、夜蛾类、小型昆虫类和果实蝇类四大类（表4-8）。

表4-8 农作物重要害虫性诱监测工具分类

标准化诱捕器类别	陷落特点	适用害虫种类
螟蛾类通用型（钟罩倒置漏斗式）	飞行轨迹为Zig-Zag曲线型，在接近诱芯且发现并不是真正的雌蛾后，其飞行轨迹为垂直上行，而因此进入倒置漏斗的诱捕器腔体中无法逃脱	稻纵卷叶螟、二化螟、三化螟、稻蛀茎夜蛾、黏虫、二点委夜蛾、亚洲玉米螟、欧洲玉米螟、甘蔗二点螟、甘蔗条螟、桃蛀螟、棉铃虫、红铃虫、烟青虫、豆荚斑螟、豆荚野螟、瓜绢野螟、茶毛虫、草地螟
夜蛾类通用型（圆筒菱形入口式）	接近诱芯过程中出现停歇、主动寻找挥发源	小地老虎、黄地老虎、斜纹夜蛾、甜菜夜蛾、大豆食心虫
小型昆虫通用型（翅膀形黏胶式）	不易陷落于螟蛾类、夜蛾类通用型诱捕器中，容易逃脱	小菜蛾、桃小食心虫、梨小食心虫、苹小卷叶蛾、金纹细蛾、茶细蛾、柑橘潜叶蛾、烟草蛀茎蛾、双纹须歧角螟、盲蝽类
果蝇、实蝇类通用型		橘小实蝇、柑橘大实蝇、瓜实蝇以及其他多种果实蝇

3.2 害虫性诱监测技术标准化体系

在总结2009年以来害虫性诱监测技术进步和工作成果的基础上，2013年提出了"害虫性诱监测标准化"的理念，提出了害虫性诱监测工具及应用技术的具体要求。包括重要害虫诱芯性信息素成分、配比和含量，载体种类和规格，诱捕器结构和规格，以及田间应用中诱捕器设置田块、放置方式、放置高度、安全间隔距离，诱芯保存和使用，监测期，数据调查、记录和分析方法等。具体见《农作物害虫性诱监测技术规范（螟蛾类)》（NY/T 2632—2015）。

3.3 初步验证了害虫性诱自动计数系统的准确性

先后在玉米螟、棉铃虫、二点委夜蛾、稻纵卷叶螟、小地老虎、黏虫、斜纹夜蛾等害虫的性诱监测中应用了自动计数系统，其中，棉铃虫、斜纹夜蛾和玉米螟的性诱自动计数系统准确性得到了初步验证（已有相应论文发表）相关情况见图4-11、图4-12、图4-13。

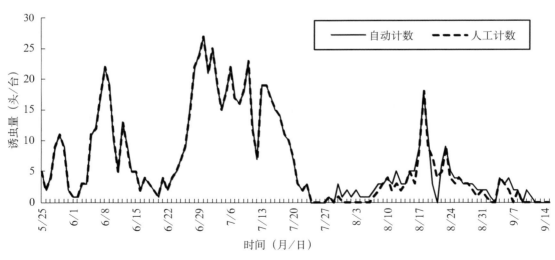

图4-11 新疆沙湾县棉铃虫性诱自动计数试验（2014.5.25—9.14）

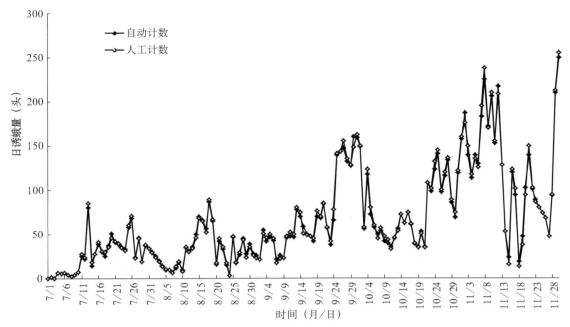

图4-12　上海浦东斜纹夜蛾性诱自动计数试验（2015.7.1—11.28）

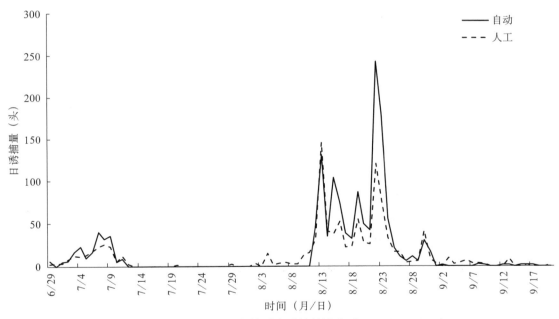

图4-13　河南安阳玉米螟性诱自动计数试验（2015.6.29—9.17）

3.4　初步探索了害虫性诱监测技术标准化评价体系

经过多点连续的田间对比试验，我们认为，评价害虫性诱效果，必须根据害虫生物学特性、生态学行为及田间环境条件，从发蛾代次、性比、交配状态、作物生育期、气象条件等多方面综合考虑，并结合灯光、糖醋盆等其他诱集手段的优点和局限性，作出性诱监测工具应用价值的科学评价。

3.4.1　代次

二化螟等害虫性诱越冬代优于其他代次，如江苏仪征市2012—2013年性诱情况，相关情况见图4-14、图4-15。

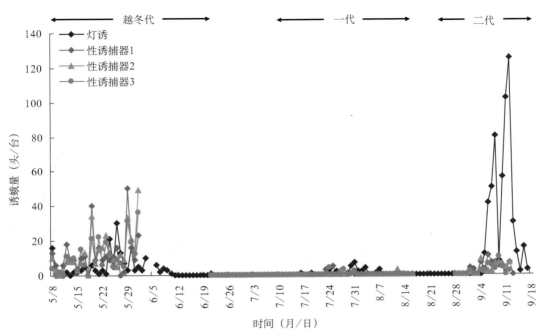

图4-14　江苏仪征市2012年二化螟性诱与灯诱诱蛾量对比

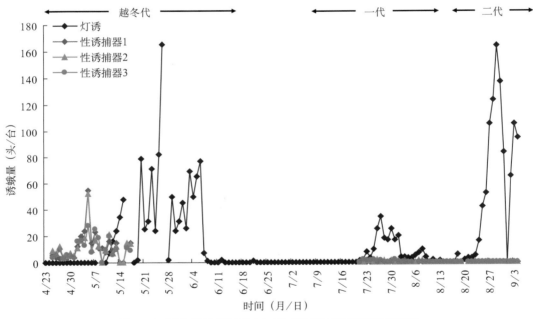

图4-15　江苏仪征市2013年二化螟性诱与灯诱诱蛾量对比

3.4.2　性比

性诱剂以雄虫为目标，而灯诱可同时诱集雌、雄虫，因此，在对比性诱与灯诱的诱蛾量时，如果将灯下虫量的雌、雄进行区分，则其诱虫量差别不显著。如河南安阳2013年小地老虎性诱情况（图4-16）。

3.4.3　交配状态

性信息素是雌蛾引诱雄蛾交配的信号，对于迁飞性害虫而言，灯下虫峰的出现，并不等于成虫宿留和交配的出现，而性诱剂则可成为这一现象的指示。如河北康保一直坚持草地螟性诱与灯诱的对比试验（图4-17），监测数据表明，与常规监测工具普通黑光灯和自动虫情测报灯对比，性诱剂诱蛾量低、诱测日数少，但两类工具诱蛾曲线峰型基本一致，如果性诱监测中出现蛾峰，即意味着草地螟将在当地宿留、交尾、产卵。因此，从这个意义上而言，性诱监测不仅可以作为灯诱监测的一种补充和辅助，更能作为对草地螟交尾产卵行为和当地幼虫发生的警示。

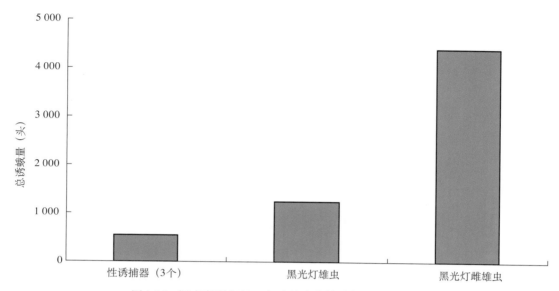

图4-16 河南安阳市2013年小地老虎性诱与灯诱总诱蛾量

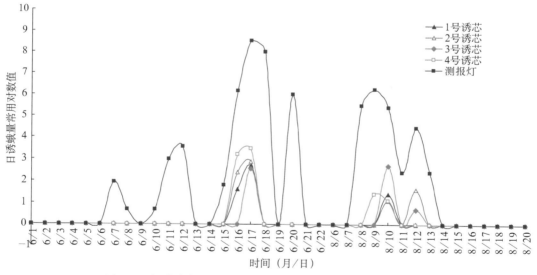

图4-17 河北康保县草地螟性诱与灯诱的诱蛾量（对数转换值）

3.4.4 对田间发蛾动态的反应能力

仍以河南安阳2013年小地老虎性诱试验为例，由监测数据可知，夜蛾类通用型诱捕器反映小地老虎一代成虫发生盛期和高峰日较黑光灯提前5d；二代提前13～16d，其主要原因是7月降雨次数频繁，黑光灯未亮影响对地老虎成虫的监测（表4-9）。

表4-9　河南安阳市2013年小地老虎性诱与灯诱盛期

代次和发生期	一代盛期（月/日）	一代峰日（月/日）	二代盛期（月/日）	二代峰日（月/日）
夜蛾类通用型性诱捕器	6/7 ~ 6/15	6/9（57头）	7/11 ~ 7/20	7/13（9头）
黑光灯	6/12 ~ 6/20	6/14（157头）	7/25 ~ 8/3	7/30（44头）

4　主要成果

4.1　农业行业标准

（1）《农作物害虫性诱监测技术规范（螟蛾类)》（NY/T 2632—2015）

（2）《小地老虎测报技术规范》（NY/T 2731—2015）

（3）《盲蝽测报技术规范 第1部分：棉花》（NY/T 2163.1—2016）

（4）《盲蝽测报技术规范 第2部分：果树》（NY/T 2163.2—2016）

（5）《盲蝽测报技术规范 第3部分：茶》（NY/T 2163.3—2016）

（6）《盲蝽测报技术规范 第4部分：苜蓿》（NY/T 2163.4—2016）

4.2　论文发表（含项目号）

（1）姜玉英，曾娟，高永健，等.新型诱捕器及其自动计数系统在棉铃虫监测中的应用.中国植保导刊，2015，35（4）：56-59.

（2）曾娟，杜永均，姜玉英，等.我国农业害虫性诱监测技术的研究与应用.植物保护，2015，41（4）：9-15.

（3）罗金燕，陈磊，路风琴，等.性诱电子测报系统在斜纹夜蛾监测中的应用.中国植保导刊，2016，36（10）：50-53.

（4）杨秀君，曾娟.玉米螟性诱监测及其自动计数系统在预测预报中的使用效果.中国植保导刊，2016，36（11）：50-53.

（执笔人：曾娟）

2016年全国病虫测报
工作大事记

1 农业部财务司宋昱副巡视员带队考察全国农业技术推广服务中心
  农作物重大病虫害数字化监测预警系统建设及运行情况

图5-1 农业部财务司宋昱副巡视员考察农作物重大病虫害数字化监测预警系统建设及运行情况

2016年1月4日，农业部财务司宋昱副巡视员带队到全国农业技术推广服务中心开展农技推广信息系统建设和运维情况专题调研（图5-1）。期间，宋昱副巡视员在陈生斗主任陪同下，兴致勃勃地考察了我中心农作物重大病虫害数字化监测预警系统建设及运行情况。

病虫害测报处有关人员向宋昱副巡视员一行简要介绍了农作物重大病虫害数字化监测预警系统建设进展及运行维护情况，并利用多媒体综合展示平台重点展示了病虫害监测数据采集、分析处理、GIS分析、马铃薯晚疫病物联网监测预警系统、预报信息发布服务等功能模块。宋昱副巡视员充分肯定了全国农业技术推广服务中心在农作物重大病虫害监测预警信息化建设以及系统运行维护方面取得的进展，表示将进一步加强调研，制定支持政策，加强对信息系统运行维护方面的支持，保障系统安全稳定运行。部财务司预算处，以及全国农业技术推广服务中心办公室、计财处、标准与信息处等有关处室负责人陪同考察。

刘万才处长现场演示系统见图5-2。

图5-2 刘万才处长现场演示数字化系统

2 第38期全国农作物病虫测报技术培训班顺利开学

图5-3 第38期全国农作物病虫测报技术培训班（南京农业大学）开班式

2016年2月28日至3月6日，全国农业技术推广服务中心在西南大学和南京农业大学同期举办第38期全国农作物病虫测报技术培训班（图5-3）。来自全国基层农作物病虫测报区域站及部分省站的100位测报技术人员分别在这两所大学接受为期21d的测报技术培训，系统学习病虫测报的原理和方法。

为加速培养农作物病虫害测报技术人才，提高全国农作物病虫害预测预报技术水平，自1979年以来，全国农业技术推广服务中心连续38年举办全国农作物病虫害测报技术培训班。为了切实提高培训效果，2016年培训班课程安排更为合理，在保留农作物测报基本知识和往届学员反馈较好课程的基础上，重点增设了现代病虫测报建设进展与展望、农田鼠害发生分布、测报与治理进展、数字化监测预警系统上机操作、科技论文写作等专题讲座内容，全面提高学员的理论水平和专业素质。为确保教学质量，培训班增加了学员论坛，鼓励参加培训的测报技术人员站上讲台，与学员们一起分享测报工作经验，讨论工作中的问题，交流测报新技术、新工具的应用情况。为落实农业部对口扶贫工作的要求，这期培训班还专门对农业部及全国农业技术推广服务中心对口扶贫的湖南省湘西自治州、湖北恩施自治州和内蒙古兴安盟单列了培训名额，加大对相关地区支持的力度，落实了中心对口扶贫工作的要求。

3 召开新型测报工具研发与应用工作推进会

2016年3月30日至4月1日，全国农业技术推广服务中心在四川省成都市召开了新型测报工具研发与应用工作推进会，来自全国29个省（自治区、直辖市）植保站、有关专家和部分企业的代表近90人参加了会议（图5-4、图5-5、图5-6）。会议总结交流了近年来新型测报工具研发和应用进展，研讨了工作中存在的问题，并对进一步推进新型测报工具研发和应用工作进行了安排部署。

会议认为，近年来，在农业部的高度重视和支持下，各省植保机构积极组织开展新型测报工具的研发、试验和示范工作，取得了明显进展：一是重大病虫害实时监控物联网不断改进，进入示范阶段，可以观测到田间作物长势甚至病虫害的发生危害情况。二是重大害虫性诱实时监控系统日臻完善，达到推广条件，实现了在办公室通过监测设备和互联网相连掌握田间害虫发生情况。三是重大病害实时

图5-4 全国新型测报工具研发与应用工作推进会四川成都会场

监测预警系统深入开发，应用范围扩大，在实现全国马铃薯晚疫病实时联网监测预警的基础上，进一步开发了小麦赤霉病、水稻稻瘟病等病害的实时预警系统，投入试验、示范阶段。四是各类移动采集自动记数设备经过试验，实用性明显提高，为提高病虫数据采集和传输效率奠定了基础。

图5-5　全国新型测报工具研发与应用工作推进会与会代表参观新型测报工具示范现场

图5-6　全国新型测报工具研发与应用工作推进会交流现场

会议强调，落实农药使用零增长行动，最重要的一条就是构建现代监测预警体系，通过提高监测预警水平，提高科学用药水平，提高防治效果，进而减少农药用量。加快新型测报工具的开发应用，改善监测设备落后的现状，对破解当前全国病虫测报工作面临的人手不足、手段落后等困境具有重要意义。

会议要求，各地要高度重视新型测报工具研发应用工作，精心组织，扎实做好新型测报工具的试验、示范和推广应用工作。为此，一要加强技术指导，切实落实试验、示范任务。要选择设施设备条件好、技术力量强、责任心强的站点承担试验任务。严格按照试验方案，安排试验内容，搞好试验调查，做好试验记录，抓好试验总结，提高试验质量。二要加强信息反馈，及时反映试验、示范中的问题。对于试验、示范和应用中的问题，各省和有关试验点与研发企业要密切合作，将存在的问题和改进意见反馈给相关企业，推进关键技术的解决。三要加强技术创新，不断提高新型工具的实用水平。有关企业要加大研发工作力度，加大研发投入，加快研发速度，多研发推出一些先进实用的新型测报工具。四要加强推广应用，不断促进测报工具的更新换代。对于一些试验、示范成熟的产品，要大力推广应用，推进测报工具的更新换代。

4　召开2016年小麦病虫害和夏蝗发生趋势会商会

2016年4月12～13日，全国农业技术推广服务中心在河南郑州召开了2016年小麦病虫害和夏蝗发生趋势会商会（图5-7、图5-8）。来自全国小麦主产区和东亚飞蝗发生区的21个省（自治区、直辖市）及部分基层测报站测报技术人员和中国农科院植保所、国家气象中心等单位的有关专家参加会议。与会代表经过充分交流和研讨后一致认为，2016年全国小麦中后期病虫总体呈重发态势，程度重于常年，接近上年，小麦赤霉病、穗期蚜虫呈大发生态势；东亚飞蝗夏蝗总体中等发生，局部地区有出现高密度蝗蝻点片的可能。

会上，有关专家就小麦土传病害监测、气候变化对农作物病虫害的影响、农作物病虫害遥感监测，以及去冬今春气候特点和未来趋势展望等做了专题报告。会议还组织近年来承担黏虫高空测报灯试验的基层测报人员交流研讨了前期试验进展和存在的问题，提出了改进建议，并就流行性病害和迁飞性害虫监测技术发展进行了探讨。

图5-7　全国小麦病虫害和夏蝗发生趋势会商会河南郑州会场

图5-8　全国小麦病虫害和夏蝗发生趋势会商会交流现场

农业部种植业管理司植保植检处王建强调研员出席会议并讲话，要求各地提高认识，进一步加强小麦病虫和夏蝗的监测调查，及时发布预警预报信息，认真做好发生防控信息调度与报送工作，全力做好今年小麦赤霉病、穗蚜和东亚飞蝗等重大病虫害的监测和预报，积极开展新型测报工具试验示范和测报技术研究等相关工作，促进小麦病虫和东亚飞蝗测报技术水平的提高，为政府决策和指导防治工作提供可靠信息。

5　召开全国早稻病虫害发生趋势会商会

2016年5月10～11日，全国农业技术推广服务中心在北京组织召开了全国早稻主要病虫害发生趋势会商会（图5-9）。来自南方16个水稻主产省（自治区、直辖市）的部分基层测报站的测报技术人员和中国农业大学、中国农业科学院植保所、南京农业大学、南京信息工程大学等单位的有关专家共计30余人参加了会议。

图5-9　全国早稻病虫害发生趋势会商会北京会场

与会人员根据当前病虫发生基数、气候条件和水稻栽培情况等因素综合分析,预计今年早稻病虫害呈偏重以上发生态势,重于上年,发生面积0.21亿hm²次。其中,稻飞虱、纹枯病偏重至大发生,稻纵卷叶螟、二化螟偏重发生,稻瘟病在常发区中等发生,局部感病品种和历史病区重发风险大。

会上,有关专家就南方水稻黑条矮缩病快速检测新方法、抗稻瘟病基因布局和抗瘟水稻培育的理论与实践、早稻"两迁"害虫发生趋势预测、天气气候对2016年我国夏季水稻"两迁"害虫的影响预测等做了专题报告。会议还安排部署了水稻重大病虫害发生气象条件监测评估和预警技术研究项目结题验收准备工作。

全国农业技术推广服务中心钟天润副主任出席会议并讲话,要求各地认真做好水稻重大病虫害的监测预报工作,一是要认真分析异常气候影响,有针对性地做好监测工作;二是要加大工作力度,认真做好病虫信息报送工作;三是要加强试验示范,推进新型测报工具研发;四是要不断增强数字化系统功能,推进病虫测报信息化。

6 韩国专家代表团来华考察水稻迁飞性害虫发生情况

2016年5月16～20日,根据《中韩水稻迁飞性害虫与病毒病监测预警合作协议》,韩国农村振兴厅选派8名专家来我国访问考察(图5-10、图5-11)。全国农业技术推广服务中心安排韩国代表团先后

图5-10 韩国代表团赴江苏开展调查交流活动

图5-11 中韩专家在田间调查及会场交流

赴江苏姜堰，上海奉贤、金山，浙江桐乡、诸暨等地，实地调查了水稻迁飞性害虫发生基数情况，采集了白背飞虱、褐飞虱、灰飞虱等水稻迁飞性害虫样本，有关专家和基层测报技术人员与韩方专家开展了交流研讨，韩国代表团圆满完成了此次考察交流任务。此次考察活动达到了交流中韩水稻迁飞性害虫发生情况和增进双方友谊的目的。

7 召开全国病虫测报体系建设与管理工作研讨会

2016年6月16～17日，全国农业技术推广服务中心在青海省西宁市召开全国病虫测报体系建设与管理工作研讨会（图5-12、图5-13）。来自全国各省（自治区、直辖市）植保站和中国农科院植保

图5-12 全国病虫测报体系建设与管理工作研讨会青海西宁会场

图5-13 研讨会专家报告及交流现场

所、中国植保学会有关专家共40多人参加了会议。会议总结交流了全国病虫测报体系建设与管理工作的成绩，分析了存在的问题，并对下一步推进全国病虫测报体系建设和管理工作进行了安排部署。中国植保学会、中国农科院植保所有关专家围绕病虫测报体系建设做了大会报告，青海、新疆、山西、江苏、山东、广西、河南、湖南、天津、四川、陕西等省（自治区、直辖市）大会交流了本省测报体系建设与管理情况，与会代表还重点研讨了"十三五"时期加强病虫测报体系建设的工作重点和推进措施，达成了共识。

全国农业技术推广服务中心钟天润副主任、青海省农牧厅都茂庭副厅长、全国农业技术推广服务中心首席专家张跃进、农业部种植业管理司植保植检处王建强调研员参加了会议。钟天润副主任在讲话中充分肯定了近年来全国病虫测报体系建设与管理工作取得的成效和进展，并就下一步加强全国测报体系建设和管理工作提出了具体要求。一是加强宣传，巩固测报体系公共性、基础性地位；二是创新方式，不断加强病虫测报体系建设；三是加强病虫测报新技术新工具研发，提高病虫监测预警自动化和智能化；四是加强管理，充分发挥病虫测报区域站的作用。

8 韩国专家代表团赴广东、广西顺利完成水稻迁飞性害虫与病毒病调查交流活动

2016年7月4～9日，根据《中韩水稻迁飞性害虫与病毒病监测预警合作协议》，以李京宰（LEE KYONG JAE）指导官为团长的韩国农村振兴厅代表团一行7人来华，与我方开展了水稻迁飞性害虫与病毒病联合调查交流活动（图5-14）。代表团一行先后赴广东省惠州市惠阳区和广西壮族自治区灵川县，深入田间实地调查了当地水稻迁飞性害虫的发生情况，双方座谈交流了今年水稻迁飞性害虫发生概况、项目合作实施情况和水稻迁飞性害虫迁飞规律等内容，提出了未来深入合作的意向。双方一致认为，近年来通过实施水稻迁飞性害虫与病毒病合作项目，水稻迁飞性害虫发生机制和监测预警技术研究取得了重要进展，下一步应继续加强技术合作和信息交流，全面提高水稻迁飞性害虫监测预警和防控治理能力，为保障两国水稻生产安全和粮食丰收做出更大贡献。

图5-14   中韩水稻迁飞性害虫与病毒病监测技术交流活动在广西灵川举行

9 召开2016年下半年全国农作物重大病虫害发生趋势会商会

2016年7月13～15日，全国农业技术推广服务中心在陕西省西安市召开了2016年下半年全国农作物重大病虫害发生趋势会商会（图5-15）。会议总结了上半年重大病虫害的发生情况，会商提出了下半年重大病虫害的发生趋势，安排部署了下半年的监测预警工作。

图5-15 2016年下半年全国农作物重大病虫害发生趋势会商会陕西省西安会场

会议代表根据当前重大病虫害发生情况、栽培制度和气候条件等因素综合分析，预计下半年全国农作物重大病虫害总体呈偏重发生态势，其中，稻飞虱、稻瘟病、玉米螟、黏虫、玉米大斑病和马铃薯晚疫病等病虫害将在局部地区大发生。

会议强调，做好下半年的监测预警工作：一要加强调查监测。要充分分析异常气候对病虫害发生造成的影响，坚持调查监测制度，全面开展调查监测工作，防止病虫害因监测预警不到位而突发成灾。二要坚持信息报送。要严格执行重大病虫害发生和防治信息报送制度，及时报送测报数据，遇到特殊情况要立即上报，不得延报或不报；三要加强预报发布。要根据调查监测情况，搞好病虫预报信息服务，及时发布病虫害中、短期预报，指导农户开展防治，提高防控效果。四要推进技术创新。要不断推进病虫测报信息化和自动化建设，切实落实新型测报工具试验、示范任务，为推进重大病虫害监测预警自动化奠定基础。

农业部种植业管理司植保植检处、陕西省农业厅种植业处有关领导出席会议并讲话，来自全国31个省（自治区、直辖市）植保（植检）站（局）（全国农业技术推广服务中心）的站长、测报科长和技术人员，以及中国农科院植保所等科研、教学单位的专家共90多人参加了会议。

10 举办新疆棉花玉米病虫识别与监控技术培训班

2016年8月23～27日，全国农业技术推广服务中心与中国农业科学院植保所联合开展了新疆棉花、玉米病虫调查和田间技术指导，并成功举办了病虫识别与监控技术培训班（图5-16、图5-17）。

图5-16　新疆棉花玉米病虫识别与监控技术培训班开幕式

图5-17　专家在田间实地培训

这次棉花、玉米病虫识别与监控技术培训班采取专家在田间实地培训和室内授课培训相结合的方式进行。专家指导组一行实地调查了库尔勒市和奇台县棉花、玉米病虫害发生危害情况，观摩了新型测报工具示范现场，并在田间现场给自治区和兵团植保体系的基层人员讲解了病虫症状识别和防治技术等实用知识。随后在奇台县集中进行了病虫识别和监控技术培训，分棉花病虫害专题、玉米病虫害专题和测报技术专题进行讲解，重点传授了病虫害识别、病虫害测报和防治技术、农业科技论文写作等内容，并现场解答了学员疑问。

来自新疆维吾尔自治区、新疆生产建设兵团各地测报人员及国家棉花产业技术体系新疆综合试验站共计120余人参加了此次培训。本次活动的开展有助于提高当地农作物病虫害监测与防控技术，受到当地农业部门、基层技术人员的高度赞扬。

11 举办全国新型测报工具应用技术培训班

2016年9月19～22日，全国农业技术推广服务中心在江西省南昌市举办了新型测报工具应用技术培训班（图5-18）。这次培训的主要目的：一是培训学习新型测报工具使用技术，促进新型工具的推广应用；二是交流处理试验、示范过程中遇到的问题，促进新型测报工具的深度研发。

图5-18 全国新型测报工具应用技术培训班在江西南昌举办

全国农业技术推广服务中心钟天润副主任在培训班上指出，近几年，全国农业技术推广服务中心全面推进新型测报工具研发应用工作，并积极从组织和经费上提供保障，每年组织召开和举办全国新型测报工具研发应用相关会议和培训班，并安排各地开展新型测报工具的试验、示范工作，取得了明显进展。以病虫害监控物联网、害虫性诱实时监控、田间病虫采集设备等为代表的新型测报工具逐步成熟，开始推广应用。通过开展培训和交流，能够进一步解决试验和推广应用中存在的问题，加快测报工具的更新换代。钟主任要求大家在今后工作中，继续提高认识，认真负责，做好试验，多出结果，同时要积极争取项目和经费支持，加大推广应用力度，全面提升重大病虫害监测预警能力。

本次培训班邀请浙江大学、西北农林科技大学、浙江理工大学等高校的专家重点讲授了新型测报工具应用技术，部分试验站点汇报了试验进展，总结了经验和问题，提出改进意见。培训班还组织试验、示范负责人与有关研发企业开展了交流和讨论，以推动新型测报工具研发关键问题的解决。来自全国各省级植保机构的测报科长、基层试验点负责人以及专家共90人参加了培训。

12 召开病虫测报信息化与物联网建设研讨会

2016年10月12～14日，全国农业技术推广服务中心在内蒙古自治区呼和浩特市召开了病虫测报信息化与物联网建设研讨会（图5-19）。来自全国各省级植保机构负责病虫测报信息化建设的主要负责同志共40余人参加了会议。

图5-19　全国病虫测报信息化与物联网建设研讨会在呼和浩特召开

全国农业技术推广服务中心钟天润副主任出席会议并发表重要讲话，他指出，近年来，在部领导的高度重视和支持下，全国及各地重大病虫害监测预警数字化、信息化建设成效显著。重大病虫害数字化监测预警系统的开发建设和推广应用，实现了测报数据报送网络化、分析智能化、预报发布多元化，并建成了国家病虫测报数据库，对推进重大病虫害监测预警与治理现代化具有重要的意义。当前农业信息化建设正面临新的形势，应加强宣传，加强引导，加强总结，以踏石留印、抓铁有痕的决心，推进病虫测报信息化建设再上新的台阶。

内蒙古自治区农牧厅贾跃峰副厅长等领导出席了会议。.

13 召开中韩水稻迁飞性害虫及病毒病监测预警国际研讨会

2016年10月24～26日，全国农业技术推广服务中心和韩国农村振兴厅在北京联合召开中韩水稻迁飞性害虫及病毒病监测预警国际研讨会（图5-20）。以韩国农村振兴厅灾害管理课朴东九（Park Dong Gu）课长为团长的韩国专家代表团一行13人和国内知名的植保专家共计30人参加了会议。

图5-20 中韩水稻迁飞性害虫及病毒病监测预警国际研讨会在北京召开

中韩双方专家研讨交流了近年来水稻迁飞性害虫及其传播的病毒病发生动态、监测预警技术研究进展和水稻害虫抗药性发展动态与治理对策，总结评估了项目实施成效，分析讨论了项目执行中存在的问题，并初步商定了2017年的工作计划和下一步的合作重点。双方一致认为，该项目的实施，对于加强虫情信息交流和技术创新，提高水稻迁飞性害虫及其传播的病毒病发生动态的早期监测预警水平起到了重要作用，有必要继续加强合作。韩方代表同时表示，中方近年来在水稻迁飞性害虫监测预警技术研究与应用方面取得的成绩令人瞩目，加强合作有利于双方开展技术交流，促进技术创新，提高重大病虫害监测预警和综合治理水平。

全国农业技术推广服务中心陈生斗主任出席了会议开幕式并致辞。他充分肯定了项目实施的重要意义和取得的成效，希望两国进一步完善合作机制、增强互信友谊，扩展合作领域，促进技术交流，推进项目合作再上新台阶。

14 举办全国农作物病虫害监测预警技术培训班

2016年11月1～4日，为提升全国病虫测报体系业务素质，提高重大病虫害监测预警能力，全国农业技术推广服务中心在浙江大学成功举办了全国农作物病虫害监测预警技术培训班（图5-21、图5-22）。

本次培训班特邀浙江农业科学院院长、中国工程院院士陈剑平，浙江大学长江学者特聘教授、中国农科院植保所所长周雪平和浙江大学长江学者特聘教授、农学与生物技术学院院长陈学新等多位专家教授分别围绕作物病毒病监测预警技术，作物害虫新型管理系统，作物病虫测报大数据分析，数字化监测预警技术及性诱测报原理和方法等方面进行了专题培训。参训学员一致认为本次培训班师资力量强、报告水平高、新知识多、信息量大、内容丰富，开阔了思路和眼界，对于提高自身业务素质和理论素养以及进一步做好重大病虫害监测预警工作具有重要的指导意义。

全国农业技术推广服务中心植保首席专家张跃进出席开班仪式并讲话。病虫害测报处全体干部、来自全国31个省（自治区、直辖市）和新疆生产建设兵团植保（植检、农技）站（局、中心）的分管站长和测报科长共60人参加了培训。

图5-21　全国农作物病虫害监测预警技术培训班在浙江大学举办

图5-22　参训人员实地考察性诱测报工具生产基地

15　全国农业技术推广服务中心组织专家开展农作物重大病虫冬前基数调查活动

2016年11月21～25日，为准确掌握冬前农作物重大病虫发生和越冬基数，做好2017年发生趋势预测工作，全国农业技术推广服务中心组织4个专家组分赴华南、黄淮、华北和西北9个省份18个县开展重大病虫冬前发生和越冬基数调查活动（图5-23）。调查活动期间，专家们交流了2016年各省农作物重大病虫发生特点及冬前基数情况，并结合本次调查结果、越冬影响因素等对2017年发生趋势做出了初步预判。

图5-23　全国农业技术推广服务中心组织专家开展农作物重大病虫冬前基数调查活动

据各组调查，水稻病虫越冬种类主要以稻飞虱、二化螟为主发生基数正常。但湖南衡阳等地反映二化螟因抗药性上升，防效差，田间越冬基数较高，稻纵卷叶螟和三化螟虫量较低，南方水稻黑条矮缩病病株量也比较少。小麦条锈病在多数田块点片发生，发生基数低于2015年和近年，小麦白粉病、叶锈病普遍发生，蚜虫基数偏低。玉米田二点委夜蛾基数偏高，棉铃虫蛹田间基数与去年相近；玉米螟、桃蛀螟、大螟田间幼虫量高于常年。

据调查专家组分析，受拉尼娜现象影响，今年冬季可能偏冷，有利于降低农作物田间病虫基数，但由于耕作制度的改变，南方稻田不再进行翻耕，有利于病虫害的越冬存活，因此2017年重大病虫害的发生仍存在较高的风险，必须加强调查监测和预警防控指导工作。

本次调查活动的顺利开展，为准确掌握冬前重大病虫害发生和越冬基数，科学分析2017年发生趋势具有重要意义，同时对督促各地做好冬前基数调查，提高重大病虫预报准确性具有重要意义。

16 召开2017年全国农作物重大病虫害发生趋势会商会

2016年12月8～9日，全国农业技术推广服务中心在广东省广州市召开2017年全国农作物重大病虫害发生趋势会商会（图5-24、图5-25、图5-26）。来自全国31个省（自治区、直辖市）植保（植检）站分管站长、测报科长和技术骨干，以及中国农科院植保所、中国水稻所、南京农业大学、华南农业大学、国家气象中心等科研、教学单位的专家共计90多人参加了会议。会议总结交流了2016年我国农作物重大病虫害发生特点、监测预警工作和新型测报工具研发进展，分析会商了2017年全国农作物重大病虫长期发生趋势，并安排部署了2017年农作物病虫害预测预报重点工作。

图5-24 2017年全国农作物重大病虫害发生趋势会商会广东广州会场

图5-25 会商会分会场1交流现场

图5-26 会商会分会场2交流现场

　　全国农业技术推广服务中心钟天润副主任、广东省农业厅黄斌民副厅长参加会议并讲话。钟主任在讲话中充分肯定了全国测报系统2016年病虫监测预警工作取得的显著成绩，并对2017年病虫测报工作提出明确要求，2017年测报工作要紧紧围绕种植业中心工作，以新型测报工具研发应用和信息化建设为重点，进一步做好重大病虫害监测预警工作，同时要加强规划和测报技术培训与研究，不断提升病虫监测预警能力和水平，确保病虫监测预报准确及时，科学指导病虫防控工作。

附　录

附录1　2016年度病虫害测报处发表论文、著作情况

序号	著　者	论文、著作题目	刊物或出版机构名称	卷（期）、页码	备注
1	刘万才，吴立峰，杨普云，等	我国植保工作新常态及应对策略	中国植保导刊	2016，36（5）：16-21	[J]
2	刘万才，陆明红，黄冲，等	我国南方水稻黑条矮缩病流行动态及预测预报实践	中国植保导刊	2016，31（1）：20-26	[J]
3	刘万才，刘振东，黄冲，等	近10年农作物主要病虫害发生危害情况的统计和分析	植物保护	2016，42（5）：1-9	[J]
4	刘万才，黄冲，刘杰	韩国农作物有害生物监测预警建设的经验	世界农业	2016，05（总445）：59-63	[J]
5	姜玉英，刘杰，曾娟	高空测报灯监测黏虫区域性发生动态规律探索	应用昆虫学报	2016，53（1）：191-199	[J]
6	姜玉英，陆宴辉，曾娟，等	棉花病虫害测报防治技术培训模式的实践与成效	中国植保导刊	2016，31（12）：74-79	[J]
7	黄冲，刘万才，姜玉英，等	农作物重大病虫害数字化监测预警系统研究	中国农机化学报	2016，37（5）：196-199，205	[J]
8	黄冲，刘万才	近年我国马铃薯病虫害发生特点与监控对策	中国植保导刊	2016，36（6）：48-52.	[J]

（续）

序号	著　者	论文、著作题目	刊物或出版机构名称	卷（期）、页码	备注
9	黄冲，刘万才	近几年我国马铃薯晚疫病流行特点分析与监测建议	植物保护	2016，42（5）：142-147	[J]
10	黄冲，刘万才	近10年我国飞蝗发生特点分析与监控建议	中国植保导刊	2016，36（12）：49-54	[J]
11	刘杰，姜玉英，曾娟，等	2015年我国玉米南方锈病重发特点和原因分析	中国植保导刊	2016,36（5）：44-47	[J]
12	刘杰，姜玉英，曾娟，等	2015　年玉米重大病虫害发生特点和趋势分析	中国植保导刊	2016,36（10）：53-58	[J]
13	刘万才，刘杰，姜玉英，等	农作物重大病虫害监测预警工作年报2015	中国农业出版社	2016年9月	[M]
14	黄冲，刘万才，姜玉英，等	病虫测报数字化	中国农业出版社	2016年10月	[M]
15	陆明红，胡高，黄英俊等	Population dynamics of rice planthoppers, Nilaparvata lugens and Sogatella furcifera (Hemiptera, Delphacidae) in Central Vietnam and its effects on their spring migration to China	Bulletin of Entomological Research	doi: 10. 1017/S0007485316001024	J

注：有关论文可通过中国知网http：//www.cnki.net等数据库检索全文。

附录2　2016年度病虫害测报处获得科技奖励情况

一、单位获奖情况

序号	获奖单位	成果名称	奖励名称	奖励等级	排名	授奖部门
1	全国农业技术推广服务中心	水稻条纹叶枯病和黑条矮缩病灾变规律与绿色防控技术	国家科技进步奖	二等奖	第四	国务院
2	全国农业技术推广服务中心	稻麦玉米三大粮食作物有害生物种类普查、发生危害特点研究与应用	农牧渔业丰收奖	一等奖	第一	农业部
3	全国农业技术推广服务中心	稻麦玉米三大粮食作物有害生物种类普查、发生危害特点研究与应用	植保科技奖	一等奖	第一	中国植物保护学会
4	全国农业技术推广服务中心	盲蝽类重要害虫种群监测与绿色防控关键技术	植保科技奖	一等奖	第二	中国植物保护学会
5	全国农业技术推广服务中心	南方水稻黑条矮缩病的发现及应急防控技术	植保科技奖	二等奖	第四	中国植物保护学会

二、个人获奖情况

序号	获奖个人	成果名称	奖励名称	奖励等级	排名	授奖部门
1	陈生斗	稻麦玉米三大粮食作物有害生物种类普查、发生危害特点研究与应用	农牧渔业丰收奖	一等奖	1/25	农业部
2	陈生斗	稻麦玉米三大粮食作物有害生物种类普查、发生危害特点研究与应用	植保科技奖	一等奖	1/15	中国植物保护学会
3	刘万才	水稻条纹叶枯病和黑条矮缩病灾变规律与绿色防控技术	国家科学技术进步奖	二等奖	5/10	国务院
4	刘万才	稻麦玉米三大粮食作物有害生物种类普查、发生危害特点研究与应用	农牧渔业丰收奖	一等奖	3/25	农业部
5	刘万才	稻麦玉米三大粮食作物有害生物种类普查、发生危害特点研究与应用	植保科技奖	一等奖	5/15	中国植物保护学会
6	刘万才	南方水稻黑条矮缩病的发现及应急防控技术	植保科技奖	二等奖	4/10	中国植物保护学会
7	姜玉英	盲蝽类重要害虫种群监测与绿色防控关键技术	植保科技奖	一等奖	3/15	中国植物保护学会

（续）

序号	获奖个人	成果名称	奖励名称	奖励等级	排名	授奖部门
8	黄冲	稻麦玉米三大粮食作物有害生物种类普查、发生危害特点研究与应用	农牧渔业丰收奖	一等奖	2/25	农业部
9	黄冲	稻麦玉米三大粮食作物有害生物种类普查、发生危害特点研究与应用	植保科技奖	一等奖	2/15	中国植物保护学会
10	陆明红	稻麦玉米三大粮食作物有害生物种类普查、发生危害特点研究与应用	植保科技奖	一等奖	6/15	中国植物保护学会
11	陆明红	南方水稻黑条矮缩病的发现及应急防控技术	植保科技奖	二等奖	7/10	中国植物保护学会
12	刘杰	稻麦玉米三大粮食作物有害生物种类普查、发生危害特点研究与应用	植保科技奖	二等奖	7/15	中国植物保护学会
13	刘万才	2016年农业部中青年干部学习交流活动专题征文活动		三等奖	——	农业部种植业管理司
14	刘杰	2016年农业部中青年干部学习交流活动演讲比赛		三等奖	——	农业部种植业管理司

三、单位荣誉奖励

序号	获奖单位	奖励名称	授奖部门
1	全国农业技术推广服务中心病虫害测报处	全国农业先进集体	农业部

附录3　2016年病虫害测报处人员与分工情况

处　长（刘万才）　主持全面工作。负责测报工作规划、植保工作督导、技术服务创收和财务管理工作；负责重大病虫害监测预警信息化建设、病虫监控中心建设运维管理，以及水稻病虫、马铃薯病虫，以及蝗虫等预报工作的组织和指导；参与植保立法的有关调研、论证与起草工作；日常工作中重点负责处内承办的中心文件（文、函、请示等）的核稿工作。

副处长（姜玉英）　协助处长做好日常业务工作，负责中心绩效管理和棉花病虫测报及小麦、油菜、玉米（包括黏虫）病虫及草地螟等病虫预报工作的组织指导及的日常测报业务，相关调研与督导活动，相关测报标准制定和科研项目等工作；参与植保工程规划调研和编制工作，负责全国病虫测报区域站管理日常工作；日常工作中重点负责处内承办的病虫情报等材料的核稿工作。

测报岗位1（黄冲）　负责小麦、马铃薯病虫害和蝗虫的监测预报及相关病虫发生信息调度工作；负责农作物重大病虫害监测预警信息平台建设和系统运维管理、农作物病虫害监控中心（系统）建设与管理；负责自动化、智能化实时监控测报工具试验跟踪与咨询联系工作。

测报岗位2（陆明红）　负责水稻病虫的预报及相关病虫发生信息调度工作，承担相关标准制定和科研项目；负责中越、中韩迁飞性害虫合作项目的日常工作；负责处内档案管理工作；负责CCTV-1电视预报的协调联络工作；负责害虫性诱实时监控系统试验、示范和与北京依科曼的联系工作。

测报岗位3（刘杰）　负责玉米（包括黏虫）、油菜等作物病虫和草地螟的预报及相关病虫发生信息调度工作；协助做好棉花病虫害测报资料的收集整理工作，负责中国农技推广网"病虫测报"网页的运行与维护工作；负责处内资产管理；承担相关标准制定、科研项目以及其他相关业务工作；负责害虫性诱自动测报工具试验、示范及与宁波纽康的联系工作；负责小虫体自动记数工具试验、示范及与天创金农的联系工作。

测报岗位4（杨清坡）　2016年6月参加工作。负责油菜病虫害和蝗虫的测报工作；协助做好水稻病虫害的预测预报及信息调度工作；协助处理中越、中韩迁飞性害虫合作项目的日常工作；负责蔬菜、果树等经济作物病虫害的测报与管理工作，承担相关标准制定和科研项目。

注：1.实行A、B角协作制，其中正、副处长互为A、B角，测报岗位1、3互为A、B角，测报岗位2、4互为A、B角。

图书在版编目（CIP）数据

农作物重大病虫害监测预警工作年报.2016/全国
农业技术推广服务中心编. —北京：中国农业出版社，
2017.9
ISBN 978-7-109-23319-5

Ⅰ．①农…　Ⅱ．①全…　Ⅲ．①作物—病虫害预测预报
—中国—2016—年报　Ⅳ．①S435-54

中国版本图书馆CIP数据核字（2017）第215171号

中国农业出版社出版
（北京市朝阳区麦子店街18号楼）
（邮政编码 100125）
责任编辑　张洪光　阎莎莎
加工编辑　冯英华

中国农业出版社印刷厂印刷　　新华书店北京发行所发行
2017年9月第1版　　2017年9月北京第1次印刷

开本：880mm×1230mm　1/16　印张：10.5
字数：291 千字
定价：88.00 元
（凡本版图书出现印刷、装订错误，请向出版社发行部调换）